Heinz Haase

**Statische Elektrizität als Gefahr
Beurteilung und Bekämpfung**

Heinz Haase

Statische Elektrizität als Gefahr

Beurteilung und Bekämpfung

2. Auflage

Verlag Chemie

Diese Schrift dient als Ergänzung zu den „Richtlinien zur Verhütung von Gefahren infolge elektrostatischer Aufladungen" der Berufsgenossenschaft der Chemischen Industrie, Nr. 4, Verlag Chemie GmbH.

Dr. Heinz Haase
2 Hamburg 2, Blankenese
Ibsenweg 20

1. Auflage 1968
2. Auflage 1972

Dieses Buch enthält 22 Abbildungen und 11 Tabellen.

ISBN 3-527-25450-1

Library of Congress Catalog Card No. 72-89749

Copyright © 1972 by Verlag Chemie GmbH, Weinheim/Bergstr.
Alle Rechte, insbesondere die der Übersetzung in fremde Sprachen, vorbehalten. Kein Teil dieses Buches darf ohne schriftliche Genehmigung des Verlages in irgendeiner Form — durch Photokopie, Mikrofilm oder irendein anderes Verfahren — reproduziert oder in eine von Maschinen, insbesondere von Datenverarbeitungsmaschinen, verwendbare Sprache übertragen oder übersetzt werden.
All rights reserved (including those of translation into foreign languages). No part of this book may be reproduced in any form — by photoprint, microfilm, or any other means — nor transmitted or translated into a machine language without written permission from the publishers.
Die Wiedergabe von Warenbezeichnungen, Handelsnamen oder sonstigen Kennzeichen in diesem Buch berechtigt nicht zu der Annahme, daß diese von jedermann frei benutzt werden dürfen. Vielmehr handelt es sich häufig um eingetragene Warenzeichen oder sonstige gesetzlich geschützte Kennzeichen, nach wenn sie als solche nicht eigens gekennzeichnet sind.
Satz: Mitterweger KG, Plankstadt. Druck und Bindung: Colordruck Siehl und Marinoff, 6906 Leimen.   Printed in Germany

Geleitwort zur 1. Auflage

Die Erforschung der Vorgänge bei der Bildung statischer Elektrizität und bei der Zündung von Gasen, Dämpfen oder Stäuben durch elektrostatische Funken hat in den letzten Jahren bedeutende Fortschritte gemacht. Mit der steigenden Verwendung von Kunststoffen mit ihren isolierenden Eigenschaften muß den dadurch bedingten Zündgefahren besondere Aufmerksamkeit geschenkt werden. Für den Betriebsmann ist es aber nicht leicht, die Gefahren bei speziellen Arbeitsvorgängen zu erkennen und die richtigen Schutzmaßnahmen zu treffen. Das setzt gewisse Kenntnisse der physikalischen Grundlagen, der Meßtechnik und der Zündvorgänge voraus.

Mit der vorliegenden Schrift von Herrn Dr. Heinz Haase, einem hervorragenden Fachmann auf dem Gebiete der statischen Elektrizität, wird dem Praktiker ein Hilfsmittel an die Hand gegeben, mit dem er sich über die Zusammenhänge unterrichten, die in seinem Betrieb durch elektrostatische Aufladungen möglichen Gefahren beurteilen und die zweckmäßigsten Schutzmaßnahmen treffen kann. Insofern ist diese Schrift eine ausgezeichnete Ergänzung der von der Berufsgenossenschaft der chemischen Industrie herausgegebenen „Richtlinien zur Verhütung von Gefahren infolge elektrostatischer Aufladungen", zumal in ihr auch die physikalischen Grundlagen und besonders auch die Meßtechnik eingehend behandelt werden. Oft ist eine Beurteilung der Gefährlichkeit der Auftadungen und der Wirksamkeit der Schutzmaßnahmen ohne Messungen gar nicht möglich, auch können häufig gefährliche Aufladungen durch Messungen überhaupt erst erkannt werden. Daher ist es zu begrüßen, daß der Verfasser auf die verschiedenen Meßgeräte und -verfahren eingeht und praktische Anleitungen gibt, wie z.B. die Feldstärke, die Spannung, die Polarität und die Wirksamkeit der Ableitungsmaßnahmen gemessen werden können.

Der Betriebsmann findet eine Fülle von Anregungen für das, was er nun tatsächlich in seinem Betriebe tun kann, um allen Störungen durch statische Elektrizität wirksam begegnen zu können. In zehn *Regeln* werden die Grundlagen zusammengefaßt, die der Gefahren-Beurteilung und -Bekämpfung dienen, und an zahlreichen Beispielen erläutert.

Der vorliegenden Schrift ist eine weite Verbreitung zu wünschen, weil sie auf einem Gebiete, das im allgemeinen nur der Spezialist völlig beherrscht, das aber für zahlreiche Betriebe in den letzten Jahren sehr an Bedeutung gewonnen hat, dem Betriebsmann die Kenntnisse vermittelt, mit denen er den möglichen

Gefahren begegnen kann. Daher hat auch die Berufsgenossenschaft der chemischen Industrie in der Vorbemerkung zu ihren „Richtlinien zur Verhütung von Gefahren infolge elektrostatischer Aufladungen" auf diese Schrift ausdrücklich hingewiesen. Zweifellos wird diese Schrift dazu beitragen, daß die Gefahren durch statische Elektrizität richtig beurteilt und die wirkungsvollsten Schutzmaßnahmen getroffen werden.

Heidelberg, im November 1967   Ulrich Weber

Vorwort zur zweiten Auflage

In den wenigen Jahren seit Erscheinen der ersten Auflage ist auch auf dem Gebiet der Elektrostatik eine ganze Reihe neuer Erkenntnisse gewonnen worden. Der Text wurde daher dem neuen Stand angepaßt. Dabei konnte die bisherige Einteilung beibehalten werden.

Die Hinweise im Text auf die „Richtlinien Statische Elektrizität" beziehen sich auf die Neufassung 1971.

Bei der Überarbeitung wurden auch die Gesetzgebung über Einheiten im Meßwesen und die lebhafte Entwicklung auf dem Gebiet der VDE-Vorschriften und Normen berücksichtigt. Des besseren Verständnisses wegen wurden im allgemeinen die alten und neuen Bezeichnungen bzw. Schreibweisen parallel verwendet oder einander gegenübergestellt.

So hoffe ich, die Voraussetzungen dafür geschaffen zu haben, daß diese Auflage eine ebenso freundliche Aufnahme wie die erste findet.

Hamburg, im Mai 1972 H. Haase

Vorwort zur 1. Auflage

Statische Elektrizität beeinflußt als — meist ungewollte — Begleiterscheinung technischer Vorgänge in zunehmendem Maße Sicherheit und Wirtschaftlichkeit zahlreicher Betriebe. Starke elektrostatische Aufladungen entstehen z.b. bei der Herstellung, Verarbeitung und Verwendung elektrisch nichtleitender Stoffe und bei zahlreichen Vorgängen, die mit hoher Geschwindigkeit ablaufen.

Gefährlich kann statische Elektrizität als Zündquelle innerhalb brennbarer Gas-, Dampf- oder Staub-Luftgemische und als Unfallursache infolge von Schockwirkungen werden; aber auch die Kräfte, welche von elektrischen Ladungen ausgehen, können Störungen der verschiedensten Art bewirken.

Die Notwendigkeit zur drastischen Begrenzung der Geschwindigkeit zahlreicher Vorgänge unter den Auswirkungen statischer Elektrizität ist einer der Hauptgründe für das starke Interesse, das diesen Problemen wieder entgegengebracht wird. Die Zusammenhänge sind häufig unübersichtlich und schwer zu erkennen, weil sich bereits verhältnismäßig geringe Änderungen einer der vielen Einflußgrößen stark auswirken können.

Die Beurteilung statischer Elektrizität als Ursache von Störungen und Gefahren ist daher selbst für den erfahrenen Elektrofachmann oft schwierig. Mit diesen Problemen konfrontiert werden aber auch sehr viele Mitarbeiter von Behörden und Betrieben, deren Kenntnisse und Erfahrungen mehr auf anderen Gebieten liegen, wie z.b. Betriebsingenieure, Sicherheitsingenieure, Chemiker, Physiker und Ingenieure in Forschungs- und Entwicklungsstellen, aber auch Gewerbeaufsichtsbeamte, technische Aufsichtsbeamte der Berufsgenossenschaften und andere Personen mit ähnlicher Ausbildung und ähnlichen Aufgabenbereichen.

Stoffauswahl und Darstellungsweise dieser Schrift ergaben sich aus dem Ziel, in erster Linie dem genannten Personenkreis die Beurteilung statischer Elektrizität vor allem als Gefahr zu erleichtern. Dabei wurden Erfahrungen verwertet, die bei Kursen z.B. der Berufsgenossenschaft der Chemischen Industrie, der Technischen Akademie Eßlingen und der Technischen Akademie Bergisch Land in Wuppertal über dieses Thema gesammelt wurden.

Zum Verständnis der Vorgänge ist es notwendig, sich mit einigen charakteristischen Merkmalen vertraut zu machen, durch die sich die hier interessierenden elektrostatischen Vorgänge vom gewohnten Erscheinungsbild der Elektrizität unterscheiden. In den physikalischen Grundlagen werden daher besonders die Lade- und Entladevorgänge im Spannungs- und im Stromsystem und Ladung und Entladung von Leiteranordnungen einerseits und Nichtleitern andererseits beschrieben und einander gegenübergestellt.

Im Abschnitt Meßtechnik wird besonders auf die Probleme eingegangen, die sich bei der Auswertung von Messungen gegenüber auf Isolierstoffen transportierten Ladungen ergeben.

Die Grundlagen für die Beurteilung und Behandlung statischer Elektrizität als Gefahr werden in 10 Regeln zusammengefaßt. An Beispielen aus der Praxis wird gezeigt, wie man bei der Lösung der häufigsten vorkommenden speziellen Probleme vorgehen kann.

Ich hoffe, daß die Schrift dazu beitragen wird, im Einzelfall geeignete Maßnahmen zur Ausschaltung gefährlicher und störender statischer Elektrizität zu finden und damit die Sicherheit und Wirtschaftlichkeit im Betrieb zu erhöhen.

Meinen besonderen Dank möchte ich den Herren Dr. Heyl und Dipl.-Ing. Sass für ihren Rat und ihre Hilfe bei der Abfassung des Manuskriptes aussprechen.

Hamburg, Herbst 1967 H. Haase

Inhalt

1.	Physikalische Grundlagen	15
1.1.	Statische Elektrizität	15
1.2.	Grundgesetze der Elektrostatik	17
1.2.1.	Ladungen und ihr Feld	17
1.2.2.	Verlauf und Darstellung elektrischer Felder	19
1.2.3.	Kapazität von Leiteranordnungen	21
1.2.4.	Energieinhalt und Kräfte des elektrischen Feldes	23
1.2.5.	Lade- und Entladevorgänge im Spannungs- und Stromsystem	24
1.2.5.1.	Spannungs- und Stromsystem	24
1.2.5.2.	Lade- und Entladevorgänge bei Kondensatoren (Leiteranordnungen)	
1.2.5.2.1.	Ladung und Entladung von Kondensatoren im Spannungssystem	25
1.2.5.2.2.	Ladung und Entladung von Kondensatoren im Stromsystem	28
1.2.5.3.	Lade- und Entladevorgänge bei Nichtleitern	30
1.2.5.3.1.	Ladung und Entladung von Nichtleitern im Spannungssystem	30
1.2.5.3.2.	Ladung und Entladung von Nichtleitern im Stromsystem	31
1.3.	**Mechanismen der Ladungstrennung**	**33**
1.3.1.	Ursachen	33
1.3.2.	Aufladung bei mechanischen Trennvorgängen	33
1.3.3.	Aufladung durch Influenz	37
1.4.	**Gefahren durch statische Elektrizität**	**39**
1.4.1.	Allgemeine Voraussetzungen	39
1.4.2.	Sicherheitstechnische Kennzahlen und Begriffe	40
1.4.3.	Statische Elektrizität als Zündquelle	45
1.4.3.1.	Entladung isolierter Leiter	45
1.4.3.2.	Entladung von Isolierstoffen	46
1.4.3.3.	Zündung durch den Menschen	47
1.4.4.	Ladungsausgleich außerhalb explosionsgefährdeter Bereiche	47
2.	**Meßtechnik**	**49**
2.1.	**Allgemeines über Messungen und ihre Auswertung**	**49**
2.2.	**Nachweisverfahren**	**50**

12 *Inhalt*

2.3.	Messung der verschiedenen Bestimmungsgrößen	51
2.3.1.	Ladungsmenge, Spannung und deren Polarität	51
2.3.1.1.	Ladungsmenge und Spannung 51	
2.3.1.2.	Polarität 52	
2.3.2.	Feldstärke und Feldverlauf 53	
2.3.2.1.	Feldstärke 53	
2.3.2.2.	Feldverlauf 55	
2.3.3	Flächen- und Raumladungsdichte 57	
2.3.3.1.	Flächenladungsdichte 57	
2.3.3.2.	Raumladungsdichte 58	
2.3.4.	Kapazität und Dielektrizitätszahl 59	
2.3.4.1.	Kapazität 59	
2.3.4.2.	Dielektrizitätszahl 60	
2.3.5.	Ableitwiderstand und Wirksamkeit von Ableitungsmaßnahmen	60
2.3.5.1.	Ableitwiderstand 60	
2.3.5.2.	Wirksamkeit von Ableitungsmaßnahmen 61	
2.3.5.2.1.	Leitfähige Gegenstände 61	
2.3.5.2.2.	Feste und flüssige Isolierstoffe 61	
2.3.6.	Lade- und Entladestrom 62	
2.3.6.1.	Ladestrom 62	
2.3.6.2.	Entladestrom 63	
2.3.7.	Leitfähigkeit 63	
2.3.8.	Spezielle elektrische Eigenschaften 64	
2.3.8.1.	Ableitfähigkeit von Fußböden 64	
2.3.8.2.	Prüfung von Fußbekleidung und Schutzhandschuhen	65
2.3.8.3.	Ableitwiderstand von Personen 66	
2.3.8.4.	Treibriemen 67	
2.3.8.5.	Prüfung von Isolierstoffen 67	
3.	**Ausschaltung statischer Elektrizität als Gefahrenquelle**	**69**
3.1.	**Prüfung der Voraussetzungen** 69	
3.2.	**Verhinderung und Ableitung statischer Elektrizität —** **Verfahren und Geräte —** 70	
3.2.1.	Allgemeines 70	
3.2.2.	Erdung und Energieabschätzung 71	
3.2.3.	Physikalische Methoden und Geräte 72	

Inhalt 13

3.3.	Regeln für die Behandlung statischer Elektrizität als Gefahr	77
4.	Beurteilung und Beseitigung statischer Elektrizität als Gefahr – Beispiele aus der Praxis 83	
4.1.	Untersuchungen auf allgemeine Maßnahmen gegen statische Elektrizität 83	
4.1.1.	Allgemeine Gesichtspunkte nach 3.1 und den Richtlinien	83
4.1.2.	Beispiele 1 - 2: Erdung fester Anlagen, Geräte und Armaturen	83
	Beispiel 1: Untersuchungen an einem Farbkasten einer Rotationsdruckmaschine 84	
	Beispiel 2: Prüfung eines Bunkers auf ausreichende elektrostatische Erdung 85	
4.1.3.	Beispiele 3 - 4: Fußboden 86	
	Beispiel 3: Beurteilung eines Fußbodens auf ausreichende Ableitfähigkeit 86	
	Beispiel 4: Überwachung der Wirksamkeit von Oberflächenbehandlungen 87	
4.1.4.	Beispiele 5 - 7: Personen 88	
	Beispiel 5: Aufladung von Personen durch Influenz 88	
	Beispiel 6: Zündgefahren beim Probenehmen 89	
	Beispiel 7: Hantieren an einer Abfüllanlage für brennbare Flüssigkeiten 90	
4.1.5.	Beispiele 8 - 9: Fahrzeuge, transportable Behälter und Geräte 90	
	Beispiel 8: Untersuchung von Transportkarren mit Gefäßen auf ihren Ableitwiderstand gegen Erde 90	
	Beispiel 9: Einfüllen von Harzpulver in Lösebhälter 92	
4.1.6.	Beispiel 10: Ausschaltung von Zündungen infolge Feldverzerrung 93	
	Beispiel 11: Prüfung der Wirksamkeit von Spitzenionisatoren in einem Kalander 94	
4.2.	Untersuchung spezieller Probleme 96	
4.2.1.	Beispiel 12: Brennbare Flüssigkeiten. Untersuchungen an einem Lösebehälter mit Rührwerk 96	
4.2.2.	Beispiele 13 - 14: Brennbare Stäube 99	
	Beispiel 13: Abschätzung elektrostatischer Zündgefahren beim pneumatischen Fördern eines staubförmigen Produktes 99	
	Beispiel 14: Verpuffung beim Abfüllen eines staubförmigen Farbstoffes aus einem Trockner 101	

Inhalt

4.2.3.	Beispiel 15 - 16: Isolierstoffbahnen und Treibriemen 103	
	Beispiel 15: Untersuchungen in einem Trockenkanal für bedruckte Folien 103	
	Beispiel 16: Untersuchungen an Keilriemen 106	
4.3.	**Untersuchung von Zündursachen** 107	
4.3.1.	Beispiel 17: Verpuffung eines Kunstharzstaubes 107	
4.3.2.	Beispiel 18: Statische Elektrizität als vermutliche Ursache einer Zündung von Leuchtgas ausgeschaltet 109	
4.4.	**Beispiel 19: Begehen einer Anlage zum Gummieren von Textilien 110**	
4.5.	**Beispiel 20: Abschätzung von Zündgefahren aus dem Energieinhalt von Werkstücken beim elektrostatischen Pulverbeschichten** 112	
5.	**Literaturverzeichnis** 117	
6.	**Formelregister** 121	
7.	**Stichwortverzeichnis** 125	

1. Physikalische Grundlagen

1.1. Statische Elektrizität

Der Begriff „Elektrizität" wird von „Elektron" (griechisch Bernstein) hergeleitet, weil am Bernstein zuerst die eigentümlichen Erscheinungen beobachtet wurden, die William Gilbert (1600) als „elektrisch" bezeichnet hat.
Charles F. Du Fay entdeckte 1733, daß es zwei Sorten von Elektrizität gibt, die nach einem Vorschlag von Lichtenberg (1778) als positiv und negativ unterschieden werden. Nach der heutigen Anschauung hat die Elektrizität eine atomistische Struktur, d.h. es gibt kleinste, nicht weiter teilbare, Elektrizitätsteilchen beider Sorten. Die Existenz solcher negativen und positiven Elektrizitäts „atome" ist eng mit dem Aufbau der Materie verknüpft und kann in diesem Rahmen nicht weiter erläutert werden. Wir gehen davon aus, daß es selbständige Elektrizitätsteilchen gibt, denen wir eine Masse und eine elektrische Ladungsmenge zuschreiben können.

Die kleinste negative oder positive elektrische Ladung heißt die elektrische Elementarladung. Sie beträgt $0{,}16 \cdot 10^{-18}$ Amperesekunden. Ein Körper kann elektrische Ladungen nur quantenhaft in ganzzahligen Vielfachen der Elementarladung aufnehmen oder abgeben. Er erscheint nach außen als elektrisch neutral, wenn sich die Elementarladungen verschiedener Polarität bei ungeordneter gleichmäßiger Verteilung gegenseitig im Gleichgewicht halten, und als elektrisch geladen, wenn im ganzen oder örtlich ein Überschuß von Ladungen eines Vorzeichens vorhanden ist.

Nicht neutrale Atome und Moleküle oder sonstige Ladungsträger im molekularen Bereich bezeichnet man als Ionen. Die Ionen können z.B. als Gitterbausteine in festen Körpern gebunden oder in Flüssigkeiten und Gasen frei beweglich sein.

Während in den Atomen die positiven elektrischen Ladungen als Materiebausteine fest gebunden sind, ist ein Teil der negativen frei beweglich. Diese negativ geladenen Teilchen heißen Elektronen und verhalten sich in Metallen wie Gasatome in thermischer Bewegung und sind die Ursache der metallischen Leitfähigkeit („Elektronengas"). Die verschiedene Beweglichkeit ist der vielleicht hervortretendste Unterschied zwischen den positiven und negativen Elementarladungen.

1. Physikalische Grundlagen

Die Vorzeichenwahl ist so definiert, daß positive Ladungen entstehen, wenn auf irgend eine Weise Elektronen abgegeben werden, während negative Ladungen durch Anlagerung von Elektronen zustandekommen. Eine positive Überschußladung beruht also auf einem Mangel an Elektronen.

Jede Ladung versetzt die Umgebung in einen eigentümlichen Zustand, der als „elektrisches Feld" bezeichnet wird. Charakterisiert wird dieser Zustand durch die Kraftwirkungen auf elektrische Ladungen in jedem Punkte des Feldes.

Die Feldkräfte sind so gerichtet, daß positive und negative Ladungen aufeinander zu getrieben werden, sich also gegenseitig anziehen, Ladungen gleichen Vorzeichens dagegen voneinander weg bewegt werden, sich also gegenseitig abstoßen. Die Folge ist eine starke Tendenz zur Wiedervereinigung getrennter Ladungen. Die Bewegungen erfolgen längs gedachter Linien, den Feldlinien. Näheres hierüber unter 1.2.2.

Der Ladungsausgleich findet entweder durch einen Elektronenstrom ohne Materietransport oder — in Flüssigkeiten und z.T. in Gasen — durch Ionenwanderung statt, also z.B. bei der Wiedervereinigung positiver und negativer Ionen zu neutralen Molekülen.

Bei den in dieser Schrift betrachteten Vorgängen wird die Erzeugung von Elektrizität nicht behandelt, sondern sie ist als Naturbaustein vorhanden. Die Elektrizitäts-„Erzeugung" besteht darin, daß vorübergehend das Gleichgewicht zwischen positiven und negativen Elementarladungen, die in gleicher Menge vorhanden sind, gestört wird.

Andere Elektrizitätsarten sind nicht bekannt. Je nachdem, auf welche Weise die Ladungen getrennt, transportiert und wiedervereinigt werden, spricht man von strömender oder statischer (ruhender) Elektrizität. Es gibt keine klare physikalische Abgrenzung zwischen diesen beiden Formen, vor allem dann, wenn der Begriff der statischen Elektrizität sehr weit gefaßt wird.

Als „Statische Elektrizität" bezeichnet man Anhäufungen gebundener gleichnamiger Ladungsmengen, die nach einer Ladungstrennung in ihrem Bestreben, sich rasch mit den Elektrizitätsatomen entgegengesetzter Polarität wieder zu vereinigen, auf irgendeine Weise gehindert werden. Häufig sind elektrostatische Vorgänge gekennzeichnet durch relativ hohe Spannungen und kleine Ströme bzw. Ladungen.

1.2. Grundgesetze der Elektrostatik

Vorbemerkung: Die Grundgesetze werden mit den Basiseinheiten Meter, Kilogramm, Sekunde, Ampere für die vier Basisgrößen Länge, Masse, Zeit und Elektrische Stromstärke des Internationalen Einheitensystems, also den gesetzlichen SI-Einheiten, dargestellt. (SI-Einheit = Einheit des Système International d'Unités). Die Dimensionen und Einheiten der im folgenden erläuterten, aus diesen vier Basisgrößen abgeleiteten, Größen ergeben sich dann aus den Definitionen der Basisgrößen und -Einheiten im SI-System und der Schreibweise der Gleichungen in rationaler Form. (Die Basisgrößen Thermodynamische Temperatur und Lichtstärke mit den Einheiten Kelvin und Candela werden nicht benötigt).

Dies entspricht den Forderungen des Gesetzes über Einheiten im Meßwesen vom 2. Juli 1969 [36] und der Ausführungsverordnung zum Gesetz über Einheiten im Meßwesen vom 26. Juni 1970 [37].

Bei der Anwendung der Grundgesetze in den folgenden Abschnitten werden dort, wo es zweckmäßig erscheint, zugeschnittene Größengleichungen verwendet. So erhält man z.B. die Stromstärke in Milliampere, wenn man die Spannung in Kilovolt und den Widerstand in Megohm einsetzt.

1.2.1. Ladungen und ihr Feld

Auch im Bereich der Elektrostatik gilt im Prinzip das Ohmsche Gesetz für die Beziehung zwischen Spannung U, Stromstärke I und Widerstand R:

$$U = I \cdot R. \tag{1}$$

Zwischen Stromstärke und transportierter Ladungsmenge besteht die Beziehung

$$Q = \int I \cdot dt, \tag{2}$$

wobei I eine beliebige Funktion der Zeit t sein kann.
Im einfachsten Fall (für konstanten Strom) gilt:

$$Q = I \cdot t. \tag{2a}$$

Hieraus ergibt sich als Einheit der Ladungsmenge die Amperesekunde As (= 1 Coulomb).

1. Physikalische Grundlagen

Die Ladungsverteilung auf der Oberfläche A ergibt die Flächenladungsdichte

$$\sigma = Q/A: \text{z.B. in As/m}^2. \tag{3}$$

Jede Ladung hat ein elektrisches Feld. Die Feldstärke E in der Umgebung wird durch die Flächenladungsdichte bestimmt. Im materiefreien Raum gilt:

$$\sigma = \epsilon_0 \cdot E. \tag{4}$$

Außerdem gilt für die „elektrische Verschiebung" oder „elektrische Verschiebungsdichte" D:

$$D = \epsilon_0 \cdot E \tag{4a}$$

Der Proportionalitätsfaktor ϵ_0 ist eine universelle Konstante und heißt Elektrische Feldkonstante. In SI-Einheiten ergibt sich

$$\epsilon_0 = 8{,}86 \cdot 10^{-12} \text{As/Vm} \tag{5}$$

Zwischen der elektrischen Verschiebung D und einer Ladungsmenge Q in beliebiger Verteilung besteht die Beziehung

$$\oint D \, dA = Q, \tag{5}$$

wobei A die Hüllfläche ist, welche im leeren Raum die Ladungsmenge Q umschließt. Auf der Oberfläche eines geladenen Körpers wird $|D| = \sigma$. Diese Zusammenhänge sind z.B. bei der Ermittlung der Flächenladungsdichte aus Feldstärkemessungen zu beachten (Gleichungen 31 a-c).
Bei Feldverlauf in Materie wird

$$\sigma = \epsilon_0 \cdot \epsilon_r \cdot E. \tag{6}$$

ϵ_r ist eine reine Zahl und heißt Dielektrizitätszahl (relative Dielektrizitätskonstante).

Ein im elektrischen Feld befindlicher Nichtleiter (Dielektrikum) verliert bei sehr großen Feldstärken sein Isolationsvermögen. Von einer bestimmten Feldstärke an wird er plötzlich ein guter Leiter, er „schlägt durch". Die Durchschlagfeldstärke hängt von den geometrischen Verhältnissen sowie der Art und dem Zustand des Dielektrikums ab. Für Luft wird bei technischen Berechnungen mit einer Durchschlagfeldstärke von $3 \cdot 10^6$ V/m gerechnet:

$$E_{\text{Luft}_{\text{max}}} = 3 \cdot 10^6 \text{ V/m}. \tag{7}$$

Mit (5) und (7) in (6) wird bei Luft ($\epsilon_r \approx 1$) als umgebenden Medium die maximale

Grundgesetze der Elektrostatik 19

Flächenladungsdichte

$$\sigma_{max} = 26,6 \cdot 10^{-6} \text{ As/m}^2. \tag{8}$$

Beim Aufsprühen von Ladungen auf einen Isolierstoff, der in dünner Schicht auf einem geerdeten leitfähigen Gegenstand liegt, können sehr viel höhere Ladungsdichten erzeugt werden. Vergleiche hierzu [1], 3.3.3.

1.2.2. Verlauf und Darstellung elektrischer Felder

Richtung und Stärke des von einer elektrischen Ladungsmenge ausgehenden Feldes sind von der Polarität, der Menge und Verteilung der Ladungen, den geometrischen Verhältnissen und den Eigenschaften der Medien im Feld abhängig.

Jeder Punkt des Feldes besitzt ein Potential. Als Bezugspotential wird im allgemeinen das Erdpotential gleich Null gesetzt. Dann ist das Potential eines Punktes gleich der Spannung gegen Erde.

Punkte gleichen Potentials liegen auf Äquipotentialflächen, die an jeder Stelle senkrecht zur Feldrichtung stehen. Das Feld verläuft längs (gedachter) Feldlinien, die senkrecht aus den Elektroden austreten. In einer Ebene (z.B. Schnittebene) werden die Äquipotentialflächen zu Äquipotentiallinien.

Äquipotential- und Feldlinien werden zur Darstellung des Feldes nach der Kästchenmethode verwendet. Wird der Abstand der Feldlinien gleich dem der Äquipotentiallinien gewählt, dann entstehen im homogenen Feld Quadrate und im inhomogenen Feld trapezartige Flächenkästchen. Derartige Darstellungen geben anschauliche Bilder der Feldverhältnisse, wie die Beispiele Abb. 1 bis 4 zeigen.

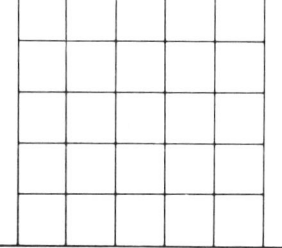

Abb. 1. Feld- und Äquipotentiallinien im homogenen Feld zwischen 2 ebenen parallelen Elektroden. Feldlinien senkrecht zu den Elektroden, Äquipotentiallinien senkrecht zu den Feldlinien.

20   1. Physikalische Grundlagen

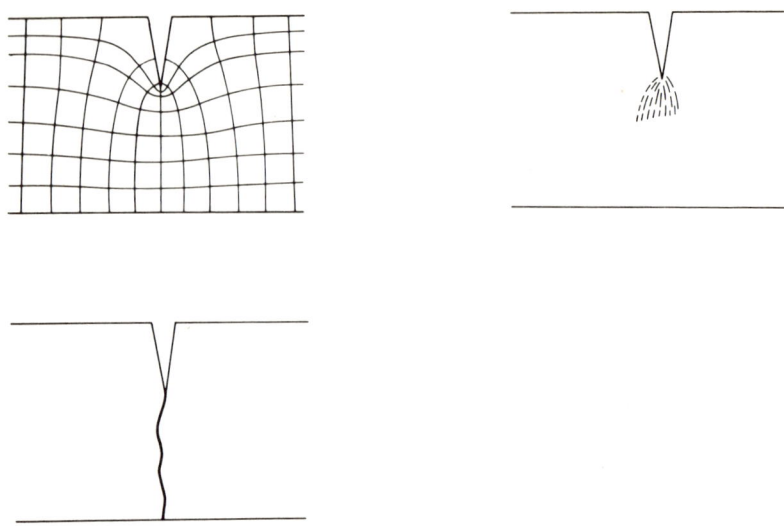

Abb. 2a-c. Feldverzerrung durch Spitze.
a) Feldbild bei kleiner Feldstärke im homogenen Medium.
b) Im Bereich vor der Spitze ist die Luft durch große Feldstärke ionisiert und damit leitfähiger. Die Durchschlagfeldstärke der Luft nach (7) ist an der Spitze überschritten. Aus der Spitze treten Büschelentladungen aus. Das Medium ist elektrisch inhomogen (schematische Darstellung).
c) Die Feldstärke wurde weiter erhöht. Zwischen Spitze und Gegenelektrode findet ein Funkenüberschlag statt.

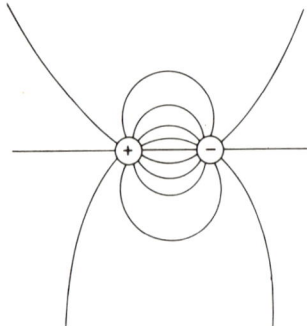

Abb. 3. Feldlinienbild paralleler Rohre ungleicher Polarität.

Grundgesetze der Elektrostatik   21

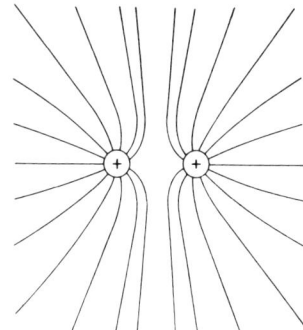

Abb. 4. Feldlinienbild paralleler Rohre gleicher Polarität.

Zwischen 2 Punkten in Feldrichtung mit dem Abstand s und der Potentialdifferenz U ist die Feldstärke
im homogenen Feld

$$E = \frac{U}{s}, \text{z.B. in V/m,} \qquad (9)$$

im inhomogenen Feld

$$E = \frac{dU}{ds}. \qquad (9a)$$

Umgekehrt gilt

$$U = \int E \cdot ds. \qquad (9b)$$

1.2.3. Kapazität von Leiteranordnungen

Durch Einsetzen von (3) und (9) in (6) erhält man

$$Q = \frac{\epsilon_0 \cdot \epsilon_r \cdot A}{s} \cdot U \qquad (10)$$

und mit

$$\frac{\epsilon_0 \cdot \epsilon_r \cdot A}{s} = C \qquad (11)$$

1. Physikalische Grundlagen

die wichtigen Beziehungen

$$Q = C \cdot U;$$

$$C = \frac{Q}{U} \text{ z.B. in As/V.} \tag{12}$$

C heißt Kapazität, die Einheit Farad mit 1 F = 1 As/V ist für die Praxis viel zu groß. Gebräuchlich sind 1 μF = 10^{-6}F und 1 pF = 10^{-12}F.

Q ist die positive Ladungsmenge der einen oder die negative Ladungsmenge der anderen Feldgrenze.

Die Kapazität ist als Verhältnis von Ladung zu Spannung definiert und nicht identisch mit dem landläufigen Begriff „Fassungsvermögen" für Ladungen.

Physikalisch werden alle Anordnungen von Körpern, zwischen denen eine Spannung hergestellt werden kann, als Kondensatoren betrachtet.

Die Kapazität von Leiteranordnungen gegen die Umgebung kann unabhängig von ihrer Form, Lage und Ladung nach verschiedenen Verfahren gemessen und in einfachen Fällen berechnet werden.

$$C_1 \cdot U_1 = C_2 \cdot U_2 \tag{13}$$

und

$$\frac{U_1}{U_2} = \frac{C_2}{C_1} \tag{13a}$$

Für die Kapazität des Plattenkondensators gilt (11).
Für den Zylinderkondensator gilt

$$C = \frac{\epsilon_0 \cdot \epsilon_r \cdot 2\pi \cdot l}{\ln \dfrac{r_2}{r_1}} \tag{13b}$$

l = Länge, r_2 = Außendurchmesser und r_1 = Innendurchmesser. Aus der Näherungsformel für die Kapazität aufrechter Zylinder auf der Erde

$$C_{Zyl} \approx \frac{h}{2}, \tag{14}$$

Grundgesetze der Elektrostatik 23

mit C in pF und h in cm, ergibt sich als Kapazität des stehenden Menschen im Mittel

$$C_{\text{Mensch}} \approx 100 \text{ pF}. \tag{15}$$

Bei Sicherheitsbetrachtungen rechnet man auch mit

$$C_{\text{Mensch}} \approx 200 \text{ pF}, \tag{15a}$$

wenn für die Ermittlung des Energieinhaltes nach (18) von der Spannung des aufgeladenen Menschen ausgegangen wird.
Bei der Parallelschaltung von Kondensatoren wird die Gesamtkapazität

$$C_g = C_1 + C_2 + C_3 + \ldots + C_n, \tag{16}$$

bei der Reihenschaltung entsprechend

$$\frac{1}{C_g} = \frac{1}{C_1} + \frac{1}{C_2} + \frac{1}{C_3} + \ldots + \frac{1}{C_n}. \tag{17}$$

Eine Parallelschaltung von Kondensatoren liegt z.B. bei Feldstärkemessungen mit rückwärtiger Elektrode vor (siehe 2.3.2).

1.2.4. Energieinhalt und Kräfte des elektrischen Feldes

Der Energieinhalt des aufgeladenen Kondensators errechnet sich zu

$$W = \frac{1}{2} C \cdot U^2 = \frac{1}{2} Q \cdot U = \frac{1}{2} \cdot \frac{Q^2}{C} \tag{18}$$

in Wattsekunden, wenn C in F, U in V und Q in As eingesetzt werden.
Räumlich verteilte Ladungen (z.B. in einer geladenen Staub- oder Nebelwolke) mit der Ladungsdichte ρ, gemessen in As/m^3, ergeben die Gesamtladungsmenge Q eines Volumens V zu

$$Q = \int \rho \cdot dV. \tag{19}$$

1. *Physikalische Grundlagen*

Mit (3) und (9) in (18), $\sigma = D$ und $A \cdot s = V$ gesetzt, ergibt sich der Energieinhalt des homogenen Feldes zu

$$W = \frac{1}{2} \cdot E \cdot D \cdot V \qquad (20)$$

und für das inhomogene Feld zu

$$W = \frac{1}{2} \int E \cdot D \cdot dV \qquad (21)$$

Der maximale Energieinhalt eines Volumens wird durch die Durchschlagfeldstärke des Mediums begrenzt.

Auf einen Körper mit der Ladung Q im elektrischen Feld E wirkt die Kraft

$$F = Q \cdot E. \qquad (22)$$

Diese Beziehung erhält man z.B. durch Differenzieren von (18) unter Verwendung von (9a) und (12):

$$F = \frac{dW}{ds} = \frac{d(Q^2/2C)}{ds} = \frac{Q}{C} \cdot \frac{dQ}{ds} = \frac{Q}{C} \cdot \frac{C \cdot dU}{ds} = Q \cdot E.$$

1.2.5. Lade- und Entladevorgänge im Spannungs- und im Stromsystem

1.2.5.1. Spannungs- und Stromsystem

Je nachdem, ob die Spannung oder der Strom bzw. die Ladung die bestimmende Größe ist, liegt ein Spannungs- oder Stromsystem vor.

Das Spannungssystem ist dadurch gekennzeichnet, daß der innere Widerstand der Quelle sehr klein gegenüber dem Belastungs- oder äußeren Widerstand ist, so daß im Idealfall (innerer Widerstand gleich Null) die Spannung konstant bleibt, und die Stromstärke durch den äußeren Widerstand bestimmt wird.

Beim Stromsystem ist der innere Widerstand der Quelle sehr groß gegenüber dem äußeren Widerstand, so daß im Idealfall (innerer Widerstand unendlich groß) der Strom unabhängig vom äußeren Widerstand konstant bleibt, und die Spannung durch die Größe des äußeren Widerstandes bestimmt wird.

Grundgesetze der Elektrostatik 25

Da die Bereitstellung elektrischer Energie im allgemeinen mit konstanter Spannung erfolgt, sind wir gewöhnt, im Konstantspannungssystem zu denken. Im hier interessierenden Bereich der Elektrostatik werden Ladungen auf Isolierstoffen erzeugt und transportiert. Diese Art der Erzeugung und des Transportes von Ladungen hat typische Merkmale eines Stromsystems. Um die Vorgänge im Bereich der Elektrostatik besser zu verstehen, ist es notwendig, sich vom eingeprägten Denken im Spannungssystem zu lösen und sich mit den Eigenschaften des Stromsystems vertraut zu machen.

1.2.5.2. Lade- und Entladevorgänge bei Kondensatoren (Leiteranordnungen)

1.2.5.2.1. Ladung und Entladung von Kondensatoren im Spannungssystem

Nach Schließen des Schalters S in Abb. 5 wird der Kondensator C über den Widerstand R von der konstanten Spannung U_o aufgeladen. Die Spannung U des Kondensators steigt gemäß Kurve a in Abb. 6 nach

$$U = U_o (1 - e^{-\frac{t}{R \cdot C}}) = U_o (1 - e^{-\frac{t}{\tau}}). \tag{23}$$

und mit $Q = C \cdot U$ wird

$$Q = Q_o (1 - e^{-\frac{t}{\tau}}). \tag{23a}$$

$$\tau = R \cdot C \tag{24}$$

heißt Zeitkonstante, R in Ohm und C in Farad ergeben die Zeit in Sekunden. *Die Spannung des Kondensators kann höchstens bis auf U_o (die Ladespannung) steigen.*

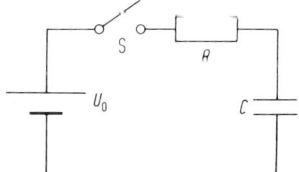

Abb. 5. Ladung eines Kondensators im Spannungssystem.

1. Physikalische Grundlagen

Der Ladestrom I_L verläuft gemäß Kurve b in Abb. 6 nach

$$I_L = \frac{U_0}{R} \cdot e^{-\frac{t}{\tau}} = I_0 \cdot e^{-\frac{t}{\tau}}. \tag{25}$$

Die angesammelte Ladungsmenge Q kann nach (12) berechnet werden.

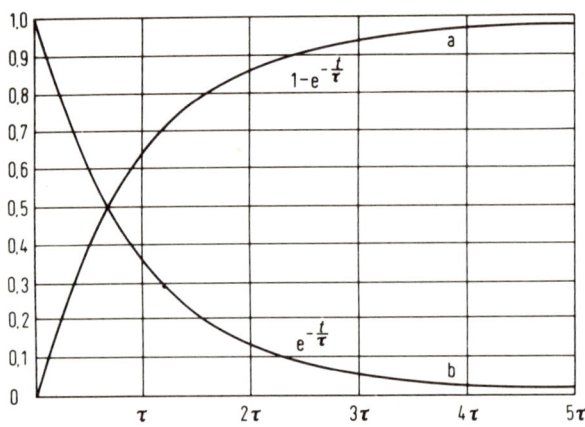

Abb. 6. Lade- und Entladekurve im Spannungssystem. Kurve a stellt den Verlauf der Kondensatorspannung und der Ladung bei der Aufladung dar, Kurve b stellt 1. den Verlauf des Stromes bei der Aufladung, 2. den Verlauf der Kondensatorspannung, der Ladung und des Stromes bei der Entladung dar.

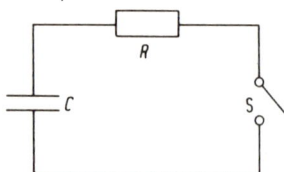

Abb. 7. Entladung eines Kondensators über einen Widerstand.

Nach Schließen des Schalters S in Abb. 7 entlädt sich der auf die Spannung U_0 aufgeladene Kondensator C über den Widerstand R gemäß Kurve b in Abb. 6 nach

Grundgesetze der Elektrostatik

$$U = U_0 \cdot e^{-\frac{t}{\tau}} \qquad (26)$$

$$I = \frac{U_0}{R} \cdot e^{-\frac{t}{\tau}} = I_0 \cdot e^{-\frac{t}{\tau}} \qquad (26a)$$

und mit $Q = C \cdot U$ wird

$$Q = Q_0 \cdot e^{-\frac{t}{\tau}}. \qquad (26b)$$

Da nach 5τ Ladungsmenge und Spannung bereits auf 0,67% abgesunken sind, kann die Entladung nach dieser Zeit als praktisch beendet betrachtet werden. Die Entladezeit T_E wird daher nach

$$T_E = 5\tau = 5 \cdot R \cdot C \qquad (27)$$

berechnet.

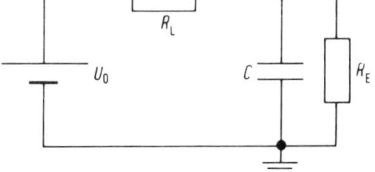

Abb. 8. Gleichzeitige Ladung und Entladung eines Kondensators im Spannungssystem.

Der Kondensator C wird gemäß Abb. 8 von der Spannungsquelle U_0 über den Ladewiderstand R_L aufgeladen und gleichzeitig über den Entladewiderstand R_E entladen.

Bei konstanter Ladespannung U_0 ist der innere Widerstand der Spannungsquelle Null. Nach Abb. 8 wirken während des Ladevorganges R_L und R_E als parallel geschaltete Widerstände. Der Ladevorgang verläuft gemäß (23), wobei aber als Ladespannung

$$U_L = \frac{R_E}{R_L + R_E} \cdot U_0 \text{ einzusetzen ist.}$$

Die Zeitkonstante τ errechnet sich nach (24) mit $R = \dfrac{R_L \cdot R_E}{R_L + R_E}$ aus der Parallelschaltung von R_L und R_E.

Bis zum Erreichen des Gleichgewichtes verläuft daher der Ladevorgang nach

$$U_C = \frac{R_E}{R_L + R_E} \cdot U_0 (1 - e^{-\frac{t}{R \cdot C}}) \qquad (28)$$

mit R = Ersatzwiderstand der Parallelschaltung von R_E und R_L.

Im Gleichgewicht ergibt sich die Kondensatorspannung aus der Spannungsteilung an den Widerständen zu

$$U_C = \frac{R_E}{R_E + R_L} \cdot U_0. \qquad (28a)$$

Im Gleichgewicht gilt $J_L = J_E = \dfrac{U_0}{R_L + R_E}$, hieraus erhält man auch

$$U_C = J_L \cdot R_E = J_E \cdot R_E. \qquad (29)$$

Nach der Auflädung des Kondensators sind J_L und J_E gleich und konstant, im Kondensator wird die Ladung $Q_C = C \cdot U_C$ gespeichert.

Die maximale Spannung am Kondensator liegt je nach Spannungsteilerverhältnis zwischen Null und der Ladespannung.

1.2.5.2.2. Ladung und Entladung von Kondensatoren im Stromsystem

Der Kondensator C wird gemäß Abb. 9 über einen eingeprägten Strom I_L (z.B. durch Ladungen, welche auf einem Träger aus Isolierstoff transportiert werden) aufgeladen. Der Ladestrom I_L wird als konstant vorausgesetzt. Mit (2a) und (12) wird $U_c = \dfrac{Q_c}{C} = \dfrac{J_L \cdot t}{C}$. *Die Spannung steigt gemäß Abb. 10 linear mit der Zeit an.*

Grundgesetze der Elektrostatik 29

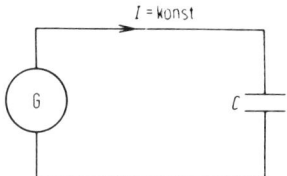

Abb. 9. Ladung eines Kondensators im Stromsystem.

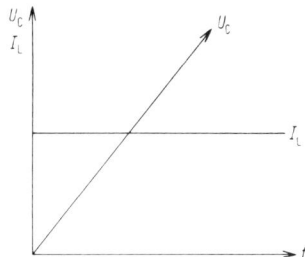

Abb. 10. Ladestrom und Spannungsanstieg bei Ladung eines Kondensators im Stromsystem.

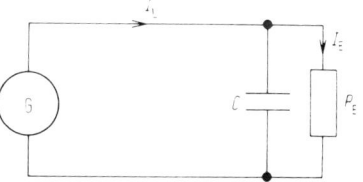

Abb. 11. Gleichzeitige Ladung und Entladung eines Kondensators im Stromsystem.

Die Entladung über einen Widerstand bei abgeschalteter Stromquelle verläuft in gleicher Weise wie im Spannungssystem gemäß Kurve b in Abb. 6 nach (26).
Der Kondensator C wird gemäß Abb. 11 mit I_L geladen und gleichzeitig über R_E durch I_E entladen. Die Spannung steigt, bis Lade- und Entladestrom gleich sind. Das Spannungsgleichgewicht am Kondensator ergibt sich aus (29). Wird der Kondensator bei $R_E \to \infty$ mit I_L genügend lange aufgeladen, so wird schließlich die Flächenladungsdichte σ so groß, daß die Luft durch Ionisierung leitfähig wird. R_E wird kleiner. Dann stellt sich entweder Spannungsgleichgewicht nach (29) gemäß Abb. 12a ein oder die Durchschlagfeldstärke der Luft wird überschritten, und es kommt zu periodischen Funkenüberschlägen mit Spannungsverlauf gemäß Abb. 12b.

1. Physikalische Grundlagen

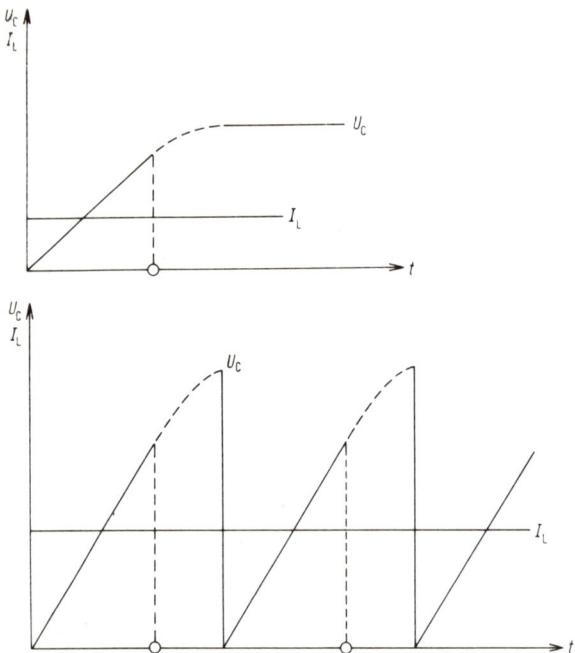

Abb. 12a, b. Spannungsverlauf am Kondensator bei Ladung mit konstantem Strom. a) bei Spannungsgleichgewicht durch Absprühen von Ladungen, b) bei periodischer Entladung durch Funkenüberschläge. o Beginn der Luftionisation.

1.2.5.3. Lade- und Entladevorgänge bei Nichtleitern

1.2.5.3.1. Ladung und Entladung von Nichtleitern im Spannungssystem

Nichtleiter (zum Beispiel Folien aus Isolierstoff) können – wie isolierte Leiter* auch – durch Aufsprühen von Ladungen aus einer Spannungsquelle aufgeladen werden. Das Verfahren wird bei der Nutzbarmachung statischer Elektrizität für

---

* Als „isolierte Leiter" werden im Bereich der Elektrostatik leitfähige Anordnungen verstanden, die gegen andere Leiter und Erde isoliert sind. Der Begriff darf nicht mit der in der Elektrotechnik üblichen Bezeichnung für mit Isolierstoff umhüllte Leitungen verwechselt werden.

Grundgesetze der Elektrostatik 31

die verschiedensten Zwecke angewandt. Hierbei können sehr hohe Ladungsdichten entstehen, worauf bereits unter 1.2.1 hingewiesen wurde. Siehe auch 3.3.3 in [1].

Ladungen auf Körpern können durch Aufsprühen von Ladungen entgegengesetzter Polarität ganz oder teilweise kompensiert werden, auch Überkompensation ist möglich.

Auf diese Vorgänge wird hier nicht näher eingegangen, da sie für die Bekämpfung unerwünschter statischer Elektrizität bisher kaum Bedeutung haben.

1.2.5.3.2. Ladung und Entladung von Nichtleitern im Stromsystem

Die Vorgänge bei der Ladung und Entladung von Nichtleitern sind sehr viel schwieriger zu erfassen als die Lade- und Entladevorgänge bei Kondensatoren.

Die Ladung von Nichtleitern beruht im Stromsystem auf Ladungstrennungen, für die es mehrere Mechanismen gibt. Diese werden unter 1.3 näher beschrieben.

Die Entladung kann entweder über die Leitfähigkeit des Stoffes, die seiner Oberfläche oder über ionisierte Luft erfolgen. Hierauf wird unter 3.2 näher eingegangen.

Ladung und Entladung treten nach 1.3 auch bei Isolierstoffen häufig gleichzeitig auf.

Ein Ausgleich von Ladungen auf Isolierstoffen dauert um so länger, je schlechter leitend der Stoff oder seine Oberfläche sind und je besser er gegen Erde isoliert ist. Die Ladungsverteilung auf solchen Körpern kann sowohl der Dichte als auch der Polarität nach außerordentlich ungleichmäßig sein. So findet man z.B. auf bewegten Bahnen aus Isolierstoffen wie Gummi, Papier, Kunststoff dann sowohl wechselnde Ladungsdichten als auch Polaritäten vor, wenn die Bahnen periodisch ungleichmäßig gezogen und hierdurch abwechselnd gedehnt und gestaucht werden oder über ballige oder solche Walzen laufen, deren Achsen nicht senkrecht zur Laufrichtung der Bahn stehen.

Die Verhältnisse sind besonders dann sehr kompliziert und unübersichtlich, wenn der Oberflächenwiderstand extrem hoch ist. Dann können große positive und negative Ladungen punktförmig so verteilt sein, daß trotz starker örtlicher Ladungen der Körper nach außen hin neutral erscheint.

1. Physikalische Grundlagen

Die verschiedenen Stellen eines Nichtleiters können also ungleiches Potential gegen die Umgebung besitzen. Für einen Körper aus Isolierstoff ist aus diesem Grunde das Verhältnis von Ladung zu Spannung nach (12) nicht im ganzen eindeutig bestimmbar.

Die Kapazität von Nichtleitern ist daher nicht definiert und kann weder berechnet noch gemessen werden. Man darf daher auch nicht ohne weiteres aus der Kapazität von Leiteranordnungen auf die von Nichtleitern oder Kombinationen von Nichtleitern und Leitern gleicher Geometrie schließen.

Überwiegen die Ladungen eines Vorzeichens, dann wird der Überschuß als Aufladung festgestellt. Je größer die Flächen mit Ladungen gleicher Polarität sind, desto besser lassen sie sich nachweisen. Die Bestimmung der Feinstruktur der Ladungsverteilung findet ihre Grenze am örtlichen Auflösungsvermögen der Meßeinrichtungen oder Nachweisverfahren. Es läßt sich nur für Mindestbereiche die nach außen wirksame Flächenladungsdichte ermitteln.

Für Sicherheitsbetrachtungen interessieren einerseits der Energieinhalt einer Ladungsmenge, die sich lokalisiert ausgleichen kann, andererseits die Selbstentladezeit aufgeladener Isolierstoffe.

Ein lokalisierter Ladungsausgleich kann beispielsweise durch Feldverzerrung infolge Annäherung einer stabförmigen Elektrode an eine Folie eingeleitet werden, wie dies im Abschnitt 1.4 beschrieben ist. Wegen der Unbeweglichkeit der Ladungen auf Isolierstoffen wird auf diese Weise nur ein Teil der Fläche entladen, dessen Größe in sehr grober Annäherung aus dem Feldverlauf abgeschätzt werden kann. Es ist noch nicht genügend bekannt, welcher Teil eines geladenen Körpers aus Isolierstoff einen Beitrag zum Ladungsausgleich gegen eine Elektrode liefert. Die Selbstentladung von Isolierstoffen kann nach

$$5\tau = \frac{5 \cdot \epsilon_0 \cdot \epsilon_r}{\gamma} \quad (30)$$

berechnet werden. Diese Beziehung wird erhalten, wenn man in (24) $R = \frac{1}{\gamma} \cdot \frac{s}{A}$ und nach (11) $C = \frac{\epsilon_0 \cdot \epsilon_r \cdot A}{s}$ setzt.

γ ist eine Stoffeigenschaft und heißt Leitfähigkeit.

Mit γ in $\Omega^{-1} m^{-1}$ und ϵ_0 nach (5) erhält man τ in Sekunden.

Die Gültigkeit dieser Beziehung wird eingeschränkt durch die Zeit- und Feldstärkeabhängigkeit der Leitfähigkeit und ggf. durch die Geometrie der Anordnung.

1.3. Mechanismen der Ladungstrennung

1.3.1. Ursachen

Bei sehr weiter Fassung des Begriffes „Statische Elektrizität" kann man nach [2] folgende Ursachen für die Ladungsentstehung unterscheiden:

a) Elektrolytische Prozesse
b) Volta-Kontakt-Potential
c) Flüssigkeitszerstäubung (Lenard-Effekt)
d) Trennung zweier Oberflächen nach inniger Berührung
e) Ionisierung von Gasen
f) Erstarrungspotential

Neben diesen Ursachen spielt vor allem

g) die Influenz

eine große Rolle, deren Bedeutung häufig nicht genügend erkannt wird und die im folgenden Abschnitt näher beschrieben wird.

1.3.2. Aufladung bei mechanischen Trennvorgängen

Praktische Bedeutung als Störung und Gefahr haben hauptsächlich die elektrostatischen Aufladungen, die als Folge mechanischer Trennvorgänge zwischen zwei festen oder zwischen festen und flüssigen Stoffen einschließlich Stäuben und Nebeln entstehen. Deshalb werden im folgenden die Mechanismen für diese Art der Ladungsentstehung und die Voraussetzungen für die Ansammlung von Ladungsmengen behandelt.

Man nimmt heute an, daß an den Oberflächen fester und flüssiger Medien elektrische Doppelschichten vorhanden sind. Der äußere Teil einer solchen Schicht besteht zum Beispiel aus Elektronen, welche von festen, an die Materie gebundenen positiven Ladungsträgern in einem Gleichgewichtszustand gehalten werden, der den Körper nach außen hin als neutral erscheinen läßt.

1. Physikalische Grundlagen

Schon bei der Berührung zweier Oberflächen können aus bisher nicht genügend bekannten Gründen — aber sicher nach bestimmten Gesetzen — Elektronen aus der einen Oberfläche der anderen Oberfläche angelagert werden, so daß nach der Trennung die erste durch einen Überschuß an Elektronen negativ und die andere durch Elektronenmangel positiv geladen ist.

Die Höhe der Auflagung hängt von einer Reihe von Faktoren ab, die noch nicht alle geklärt sind. Die bekanntesten wichtigsten Einflußgrößen sind

die elektrische Leitfähigkeit,
die Dielektrizitätszahl,
die Zahl und Dichte der Berührungspunkte,
die Geschwindigkeit der Vorgänge,
Gefügeänderungen wie Dehnen und Stauchen und
die Temperaturen der beteiligten Oberflächen.

Von der elektrischen Leitfähigkeit der beteiligten Stoffe hängt es in erster Linie ab, in welcher Weise sich eine Ladungstrennung bemerkbar machen kann. Der durch die Störung des Gleichgewichtes verursachte „Spannungszustand" wird umso schneller beseitigt, je besser über die elektrische Leitfähigkeit ein Ladungsausgleich bis zur vollständigen Wiedervereinigung erfolgen kann.

Es gibt keinen Stoff mit der Leitfähigkeit Null. Die Unterscheidung der Stoffe in Leiter und Nichtleiter ist ziemlich willkürlich und in starkem Maße von dem Standpunkt abhängig, von dem aus die Beurteilung erfolgt. Wegen ihrer endlichen Leitfähigkeit erfolgt auch bei den besten sogenannten Nichtleitern (Isolatoren) laufend eine Wiedervereinigung. Bei jedem Trennvorgang findet also gleichzeitig ein Ladungsausgleich durch Rückstrom statt, der bis zum Abreißen der letzten Stoffbrücke andauert und umso schneller erfolgt, je besser leitfähig beide Partner sind.

Bei genügend großer Leitfähigkeit der beteiligten Stoffe geht die vollständige Wiedervereinigung praktisch gleichzeitig mit der Ladungstrennung vonstatten. Voraussetzung dafür, daß überhaupt Auflagungen entstehen, ist also, daß mehr Ladungsmengen getrennt als gleichzeitig wiedervereinigt werden.

Hierzu muß im allgemeinen mindestens einer der Partner ein schlechter Leiter sein. Haben beide Oberflächen schlechte Leitfähigkeit (gutes Isolationsvermögen), dann sind nach der Ladungstrennung in jedem Falle die beteiligten Kontaktpartner entgegengesetzt aufgeladen. Die Abhängigkeit der Höhe und Polarität der ursprünglich entstandenen Auflagung von den im folgenden zu be-

Mechanismen der Ladungstrennung 35

handelnden Einflußgrößen bewirkt dabei häufig um so größere Unterschiede in der Ladungsverteilung auf den getrennten Partnern, je geringer deren elektrische Leitfähigkeit ist. Bei zahlreichen Aufladungsvorgängen auch in der industriellen Praxis findet man daher auf einer Fläche nicht nur verschiede. Dichte sondern auch verschiedene Polarität der Ladungen.

Ist eine der Flächen bzw. einer der Körper leitfähig und steht mit Erde in leitfähiger Verbindung, so fließen die nach der Trennung auf diesem vorhandenen Ladungen zur Erde ab, soweit sie nicht als Influenzladungen gebunden sind (Influenz siehe 1.3.3). Wenn der leitfähige Partner aber nicht mit anderen Leitern bzw. Erde in Verbindung steht, dann verteilen sich zwar die entstandenen Ladungen auf der Oberfläche dieses Körpers, fließen aber nicht ab. Auf diese Weise können beträchtliche Ladungsansammlungen auch dann entstehen, wenn nur ein kleiner Teil der Oberfläche an einer Ladungstrennung beteiligt ist oder z.B. durch Berührung, durch eine leitfähige Verbindung oder durch Influenz Ladungen von einer anderen Oberfläche abnimmt. Derartige Ladungsansammlungen auf isolierten Leitern können z.B. durch einen kräftigen Funken gleichzeitig abfließen und bilden deshalb in explosionsgefährdeten Räumen eine besonders große Gefahr.

Wie im folgenden gezeigt wird, läßt sich keine klare und feste Grenze für „ungenügende" Leitfähigkeit angeben.

Für die Abhängigkeit der Aufladungen von der Dielektrizitätszahl hat Coehn [3] die beiden folgenden Regeln aufgestellt:

1. Von zwei Körpern lädt sich der mit der größeren Dielektrizitätszahl stets positiv, der mit der kleineren Dielektrizitätszahl negativ auf.
2. Die Höhe der Aufladung ist abhängig vom Unterschied der Dielektrizitätszahlen.

Die Gültigkeit der Coehnschen Regeln wurde häufig geprüft und ist sehr umstritten. Der stärkste Einwand war bisher stets, daß sich hiernach gleichartige Stoffe nicht gegenseitig aufladen dürften, wie dies zum Beispiel beim Abheben von Bögen vom Stapel, beim Abwickeln einer Bahn von einer Rolle, beim Reiben zweier Glasstäbe, beim Zerbrechen von Material, beim Dehnen und Stauchen immer wieder beobachtet wird.

Daß Zahl und Dichte der Berührungspunkte von erheblichen Einfluß sind, ist wohl ohne weiteres einzusehen. Die Beobachtung, daß durch Reibung zweier

1. Physikalische Grundlagen

Körper besonders hohe Aufladungen erhalten werden, findet in der Vergrößerung der Anzahl der Berührungspunkte ihre einfache Lösung.

Der Einfluß der Geschwindigkeit ergibt sich aus der größeren Zahl der Trennvorgänge pro Zeiteinheit bei höherer Geschwindigkeit und der schnelleren Vergrößerung des Ableitwiderstandes für eine von der Trennstelle wegtransportierte Ladung. Gleichzeitig kann hierdurch die Reibung vergrößert werden, so daß insgesamt der Unterschied zwischen entstehenden und abfließenden Ladungen zunimmt. Der Ladestrom wird größer, der Rückstrom dagegen kleiner.

Ob man die Coehnschen Regeln gelten lassen will oder nicht, auf jeden Fall läßt sich das Phänomen der Aufladungen besser erklären, wenn man die Notwendigkeit physikalischer Unterschiede der beteiligten Oberflächen voraussetzt, wie dies zum Beispiel Henry [4] tut. Physikalische Unterschiede zwischen zwei Oberflächen oder innerhalb der Struktur ergeben sich zum Beispiel beim Dehnen und Stauchen elastischer Stoffe und durch Temperaturunterschiede beim unsymmetrischen Reiben. Die richtige Abschätzung des Anteils der verschiedenen Einflußgrößen auf die Höhe von Aufladungen ist so schwierig, daß im allgemeinen einigermaßen sichere Voraussagen über die Wirksamkeit von Änderungen der Verhältnisse nur bezüglich der Leitfähigkeit möglich sind. Eine der Ursachen für diese Schwierigkeiten ist die statistische Natur der Vorgänge. Dies wird deutlich, wenn man die Zahl der an Aufladungsvorgängen beteiligten Atome mit der Gesamtzahl der Atome an der Oberfläche vergleicht.

Metalle enthalten pro cm^3 etwa 10^{23} Atome. Betrachtet man eine Atomlage, also eine Schichtdicke von 10^{-8} cm, als Oberfläche, dann ergeben sich $(10^{23})^{2/3}$ oder rund 10^{15} Atome pro cm^2.

Die maximale Ladungsdichte ist im allgemeinen durch die Durchschlagfeldstärke der umgebenden Luft gegeben.

Die Elektrizitätsmenge eines Elektrons (die Elementarladung e) beträgt 0,16 · 10^{-18} Amperesekunden. Bei maximaler Ladungsdichte nach (8) ist also ein Mangel oder Überschuß von $\dfrac{27 \cdot 10^{-10}}{0,16 \cdot 10^{-18}}$ oder etwa $1,7 \cdot 10^{10}$ Elektronen pro cm^2 vorhanden.

Von 10^{15} Atomen sind, wenn auf ein beteiligtes Atom eine Mangel- oder Überschußladung entfällt, hiernach maximal $1,7 \cdot 10^{10}$ oder von 60 000 Atomen nur maximal eins an Aufladungsvorgängen beteiligt.

Die kleinste Feldstärke, die mit handelsüblichen Geräten noch gemessen werden kann, beträgt etwa 0,15 V/cm. Dies entspricht, auf die maximale Feld-

Mechanismen der Ladungstrennung 37

stärke bezogen, einem Verhältnis von $0,15 : 30000 = 5 \cdot 10^{-6}$. Von den an der Oberfläche vorhandenen Atomen sind dann $1,7 \cdot 10^{10} \cdot 5 \cdot 10^{-6} = 8,5 \cdot 10^{4}$ oder von 12 Milliarden Atomen nur eins an der Aufladung beteiligt. Diese Betrachtung erklärt auch die große Empfindlichkeit gegen Strukturänderungen und Reinheitsgrade und die mangelnde Reproduzierbarkeit der Vorgänge.

Die Voraussetzungen für das Entstehen hoher Aufladungen, nämlich Trennung zweier Stoffe nach inniger Berührung, wobei mindestens einer ein schlechter Leiter sein muß, sind in zahlreichen Bereichen des Lebens, vor allem auch im industriellen und gewerblichen Sektor, der hier hauptsächlich interessiert, zu finden. Typische Beispiele für unerwünschte Aufladungsvorgänge sind laufende Trennung von Papier-, Textil-, Gummi-, Kunststoffbahnen beim Abheben von Rollen, Walzen und der nächsten Lage des gleichen Materials und Ladungsansammlungen durch Aufwickeln der geladenen Folien auf Rollen. Ladungstrennungen beim Zerkleinern fester Stoffe, beim Transport in Rohrleitungen und beim Umfüllen (Ausschütten, Abpacken) körniger und pulverförmiger Stoffe, beim Gehen auf isolierendem Fußboden, beim Tragen isolierender Bekleidung, beim Strömen von Flüssigkeiten in Rohrleitungen, beim Umpumpen und Abfüllen brennbarer Flüssigkeiten, bei der chemischen Reinigung von Textilien, Eintauchen von Lappen und (verbotenem) Händewaschen in Benzin, bei der Herstellung und Verwendung von Gummilösungen.

Unabhängig von der Leitfähigkeit treten Aufladungen auf beim Versprühen von Flüssigkeiten (Lenard-Effekt), beim Strömen von Gasen durch Flüssigkeiten und bei Gasströmen, die mit genügend feinen Staub- oder Nebelteilchen beladen sind, zum Beispiel beim Ausströmen von Gasen, Dämpfen und verdichteten oder verflüssigten Gasen wie Azetylen, Wasserstoff und Kohlensäure aus Flaschen, Flanschen, Ventilen, beim Spritzlackieren und bei der pneumatischen Förderung von Staub.

1.3.3. Aufladung durch Influenz

Im Bereich starker elektrischer Felder, wie diese zum Beispiel bei industriellen Vorgängen von geladenen Körpern ausgehen, kommt es häufig zu Ladungsverschiebungen durch Influenz. Diese Erscheinung wirkt sich vor allem auch auf die Menschen aus, die sich im Feldbereich aufhalten. Da Wesen und Bedeutung dieses

1. Physikalische Grundlagen

Vorganges in der Praxis im allgemeinen nicht genügend klar erkannt werden, seien sie kurz dargestellt:

Bringt man einen elektrischen Leiter isoliert in ein elektrisches Feld, so entsteht auf seiner Oberfläche zunächst eine Spannung. Diese erzeugt im Inneren des Leiters einen Strom, der so lange andauert, bis dort die Feldstärke Null herrscht. Ein Teil der freien Elektronen wandert in Richtung des positiven Pols des Feldes auf die Oberfläche des Leiters, wo sie durch die Ladungen entgegengesetzter Polarität, von denen das Feld ausgeht, gebunden werden. Am entgegengesetzten Ende befindet sich ein Überschuß positiver Ladungen, der von den negativen Ladungen des anderen Feldpols gebunden wird. Der Leiter wird „influenziert" (Abb. 13).

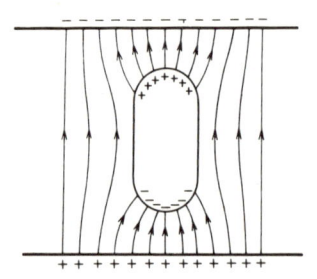

Abb. 13. Ladungstrennung durch Influenz auf einem isolierten Leiter im elektrischen Feld.

Das so zwischen den Enden des Leiters erzeugte Feld ist entgegengesetzt gleich dem äußeren Feld. Verschwindet dieses, oder wird der Leiter aus dem Feld herausgenommen, ohne das eine Ableitung erfolgt, so findet sofort wieder ein interner Ladungsausgleich statt, und der Leiter ist wieder neutral. Werden dagegen die beiden Enden des Leiters an geeigneter Stelle im Feld getrennt und dann aus dem Feld einzeln herausgenommen, sind das eine Ende positiv, das andere negativ geladen.

Werden die Ladungen des einen Vorzeichens zum Beispiel durch kurzzeitige Berührung an einem Ende abgeleitet, so lange sich der Leiter noch unter dem Einfluß des Feldes befindet, dann erweist er sich erst hierdurch als tatsächlich aufgeladen, wenn er aus dem Feld genommen wird.

1.4. Gefahren durch statische Elektrizität

1.4.1. Allgemeine Voraussetzungen

Notwendige Bedingung für das Vorhandensein von Brand- und Explosionsgefahren ist die Anwesenheit brennbarer Stoffe. Als „gefährdete Bereiche" gelten besonders die, in denen brennbare Gase, Dämpfe, Nebel, Flüssigkeiten oder Stäube erzeugt, verarbeitet, abgefüllt, gelagert oder befördert werden.

Die Stoffe können durch eine fremde Zündquelle oder nach Selbsterwärmung infolge spontaner Zersetzung entflammt oder gezündet werden.

Um explosible Gemsiche zu zünden, muß eine Mindestenergiemenge lokalisiert wirksam werden.

Die Selbstentzündung kann hier außer Betracht bleiben, da bisher keine Hinweise dafür vorliegen, daß eine Neigung zur Selbsterwärmung durch elektrostatische Auflagung entsteht oder merklich vergrößert wird. Maßgebend dafür, wann es zur Zündung kommt, sind die Eigenschaften der Zündquelle, die örtlichen Verhältnisse sowie Art der brennbaren Stoffe und deren Mischungsverhältnis mit Luft. Aus naheliegenden Gründen geht man bei Sicherheitsbetrachtungen vom ungünstigsten Falle aus. Eine Energiequelle wird deshalb dann als zündfähig betrachtet, wenn deren Energieinhalt den kleinsten Wert, der unter optimalen Bedingungen zur Zündung ausreicht, erreichen oder überschreiten kann. Zündfähige Energiequellen, die in der Praxis häufig vorkommen, sind zum Beispiel Flammen, heiße Gase, heiße Oberflächen, mechanische (Reib-, Reiß-, Schlag-) Funken und schließlich elektrische Funken und Entladungen. Auf statische Elektrizität als Zündquelle wird im nächsten Abschnitt besonders eingegangen.

Es ist weder aus wirtschaftlichen Gründen vertretbar noch aus sicherheitstechnischen Überlegungen heraus erforderlich, unabhängig von der Art der brennbaren Stoffe in jedem Fall den strengsten Maßstab anzulegen. Eine Entscheidung über die Notwendigkeit bestimmter Sicherheitsmaßnahmen ist häufig eine Ermessensfrage. Um das verbleibende Risiko zu verkleinern und eine zuverlässige Abschätzung der Gefahren zu ermöglichen, sind Unterlagen über charakteristische Eigenschaften brennbarer Stoffe geschaffen worden.

1. Physikalische Grundlagen

1.4.2. Sicherheitstechnische Kennzahlen und Begriffe [5, 6, 7, 8]

Zur Kennzeichnung dienen — neben den allgemeinen physikalisch-chemischen Eigenschaften wie Molekulargewicht, Dichte-, Schmelz- und Siedepunkt, — vor allem der Flammpunkt, die Explosionsgrenzen (der Explosionsbereich), die Zündtemperatur und die Mindestzündenergie.

Der *Flammpunkt* einer brennbaren Flüssigkeit ist die niedrigste Temperatur (bezogen auf einen Druck von $\approx$ 1 bar = 760 Torr), bei der sich in einem geschlossenen oder offenen Tiegel aus der zu prüfenden Flüssigkeit unter festgelegten Bedingungen Dämpfe in solcher Menge entwickeln, daß sich im Tiegel ein durch (definierte) Fremdzündung entflammbares Dampf-Luftgemisch bildet. Der Flammpunkt ist deshalb neben anderen Größen ein Kriterium für die Entflammbarkeit durch Fremdzündung und gibt damit unter anderen einen Anhalt für die Feuer- und Explosionsgefährlichkeit der betreffenden Flüssigkeit.

Die *Explosionsgrenzen:* Brennbare Stäube, Gase oder Dämpfe im Gemisch mit Luft sind nur innerhalb eines gewissen Konzentrationsbereiches explosibel (beziehungsweise explosionsfähig). In diesem Bereich pflanzt sich eine Verbrennung innerhalb des Gemisches nach erfolgter Zündung selbständig fort, ohne daß hierzu ein weiterer Luftzutritt erforderlich wäre. Die Flammenfortpflanzungsgeschwindigkeit hängt unter anderem von der Zusammensetzung des Gemisches ab. Die untere, beziehungsweise obere Explosionsgrenze von brennbaren Stäuben, Gasen oder Dämpfen ist die Konzentration, bei der das betreffende Gas-Luft- oder Dampf-Luftgemisch gerade nicht mehr explosibel ist. Diese Konzentrationen werden zuweilen auch als Zündgrenzen bezeichnet. Die Explosionsgrenzen werden entweder in g/m^3 des Staubes, Gases oder Dampfes, bezogen auf 1 m^3 des Gemisches bei $\approx$ 1 bar (760 Torr) Ausgangsdruck und einer Bezugstemperatur von 20 °C. oder unter denselben Bedingungen in Vol% angegeben. Durch Multiplikation der Zahlenwerte der Explosionsgrenzen in Vol% mit dem zwölffachen Dichteverhältnis (gasförmig) erhält man für Gase und Dämpfe mit hinreichender Genauigkeit die entsprechende Konzentrationsangabe in g/m^3 bei einer Bezugstemperatur von 20 °C.

Als *Zündtemperatur* gilt die in einer vorgeschriebenen Versuchsanordnung ermittelte niedrigste Temperatur einer erhitzten Wand, an der das zündwilligste Staub-Luft-, Gas-Luft- oder Dampf-Luftgemisch des betreffenden Stoffes (bei einem Gesamtdruck von $\approx$ 1 bar 760 Torr) gerade noch zur Verbrennung mit Flammenerscheinungen angeregt wird.

Gefahren durch statische Elektrizität 41

Zur weiteren Kennzeichnung dienen der maximale Explosionsdruck, die Verdunstungszahl und der Diffusionskoeffizient.

Die Explosionsschutzbestimmungen sollen im Laufe der nächsten Jahre den CENELCOM-Bestimmungen angepaßt werden. (CENELCOM: Comité Européen de Coordination des Normes Electriques des Etats Membres de la Communauté Economique Européenne.) Dadurch werden auch die Bezeichnungen in den VDE-Bestimmungen [8] geändert.

Einteilung der brennbaren Gase und Dämpfe

Sie sind nach ihren Zündtemperaturen in folgende Zündgruppen bzw. Temperaturklassen eingeordnet:

Zündtemperatur °C	Bisher Zündgruppe	Künftig Temperaturklasse
über 450	G 1	T 1
über 300-450	G 2	T 2
über 200-300	G 3	T 3
über 135-200	G 4	T 4
über 100-135	G 5	T 5
über 85-100	–	T 6

Nach ihrer Zünddurchschlagfähigkeit durch Spalte unter festgelegten Bedingungen (vgl. IEC-Publication 79-1, Anhang) werden die brennbaren Gase und Dämpfe in folgende Explosionsklassen bzw. Explosionsgruppen eingeteilt:

Grenzspaltweite unter festgelegten Bedingungen („Normspaltweite")	Bisher Explosionsklasse
über 0,6 mm	1
über 0,4 bis 0,6 mm	2
0,4 mm und kleiner	3 a, b, c . . . n

1. Physikalische Grundlagen

Für die künftig vorgesehenen Explosionsgruppen besteht folgende Einteilung:

Grenzspaltweite s unter festgelegten Bedingungen („Normspaltweite")	Künftig Explosionsgruppe
$\geq 0{,}9$ mm	II A
$0{,}5$ mm $\leq$ s $< 0{,}9$ mm	II B
$\approx 0{,}3$ mm	II C [*]

Kennzeichnung der elektrischen Betriebsmittel

Sie erhalten u.a. eine Kennzeichnung nach Zündgruppe bzw. Temperaturklasse sowie nach Explosionsklasse bzw. Explosionsgruppe. Die Zündgruppe bzw. Temperaturklasse richtet sich nach der Grenztemperatur, d.i. die maximale Temperatur, die betriebsmäßig an der Außenseite eines Gehäuses oder an allen Bauteilen, die explosiblen Gemischen zugänglich sind, auftreten darf:

Bisher Zündgruppe	Grenztemperatur °C	Künftig Temperaturklasse	Grenztemperatur °C
G 1	360	T 1	450
G 2	240	T 2	300
G 3	160	T 3	200
G 4	110	T 4	135
G 5	80	T 5	100
–	–	T 6	85

Die Explosionsklasse bzw. Explosionsgruppe richtet sich nach Spaltlänge und Grenzspaltweite des Betriebsmittels z.B. bei 25 mm Spaltlänge

---

[*] Zur Gruppe II C gehört nur Wasserstoff. Acetylen und Schwefelkohlenstoff sind noch nicht eingruppiert worden.

Gefahren durch statische Elektrizität 43

Bisher Explosionsklasse	Grenzspaltweite	Künftig Explosionsgruppe	Grenzspaltweite
1	0,3 mm	II A	0,5 mm
2	0,2 mm	II B	0,3 mm
3a	50% der Spaltweite, bei der bei dem vorgeschriebenen Explosionsversuch das Außengemisch noch nicht gezündet wird	II C	0,2 mm
3b, c ... n	wie Expl. Kl. 3a	noch nicht festgelegt	

*) Zur Gruppe II C gehört nur Wasserstoff. Acetylen und Schwefelkohlenstoff sind noch nicht eingruppiert worden.

Gruppe und Gefahrklasse (VbF) [6]

Die brennbaren Flüssigkeiten, die bei 35 °C weder fest noch salbenförmig sind, bei 50 °C einen Dampfdruck von 3 Kp/cm^2 ($\approx$ 3 bar) oder weniger haben und zu einer der nachstehenden Gruppen gehören, werden gemäß der Verordnung über brennbare Flüssigkeiten (VbF) wie folgt eingeteilt:

1. Gruppe A: Flüssigkeiten, die einen Flammpunkt nicht über 100 °C haben, und hinsichtlich der Wasserlöslichkeit nicht die Eigenschaften der Gruppe B aufweisen und zwar

Gefahrklasse	Flammpunkt
I:	unter 21 °C
II:	von 21 °C bis 55 °C
III:	von 55 °C bis 100 °C

2. Gruppe B: Flüssigkeiten mit einem Flammpunkt unter 21 °C, die sich bei 15 °C in jedem beliebigen Verhältnis in Wasser lösen oder deren brennbare flüssige Bestandteile sich bei 15 °C in jedem Verhältnis in Wasser lösen.

44 *1. Physikalische Grundlagen*

Mindestzündenergie [5]

Die kleinste Energiemenge, welche gerade noch zur Zündung ausreicht, kann zur Zeit am zuverlässigsten für elektrische Entladungskreise ermittelt werden. Bei einer Funkenentladung ist die im Funkenkanal freiwerdende Energie maßgebend. Für sicherheitstechnische Betrachtungen genügen aber genaue Aussagen über die verfügbare elektrische Gesamtenergie. Die notwendige Mindestenergiemenge wird als „Mindestenergie" bezeichnet und ist wie folgt definiert:

„Die Mindestzündenergie ist die kleinstmögliche bei der Entladung eines aufgeladenen Kondensators verfügbare elektrische Gesamtenergie, die − bei Variation der Größe, der Ladung und der Kapazität des Entladungskreises sowie des Abstandes und der Form der Elektroden − das zündwilligste Gemisch bei einem Ausgangsdruck von ≈ 1 bar (760 Torr) und einer Gemischtemperatur von 20 °C (gegebenenfalls bei der Sattdampftemperatur) gerade noch zu zünden vermag".

Die Mindestzündenergien von gesättigten Kohlenwasserstoffen und ihren Derivaten liegen in der Größenordnung von 0,2 mWs, können jedoch bei Kohlenwasserstoffen mit Doppel- und Dreifachbindungen bis auf 0,02 mWs absinken. Für Wasserstoff beträgt bei einer Zündtemperatur von 560 °C die Mindestzündenergie nur 0,019 mWs, für Schwefelkohlenstoff mit der extrem niedrigen Zündtemperatur von 102 °C nur 0,009 mWs.

Für die zukünftig vorgesehenen Explosionsgruppen ergeben sich folgende Zusammenhänge:

Explosionsgruppe	Grenzspaltweite s	Mindestzündenergie E_{min} (Schätzwerte)
II A	⩾ 0,9 mm	⩾ 0,25 mWs
II B	0,5 mm ⩽ s < 0,9 mm	0,03 mWs ⩽ E_{min} < 0,25 mWs
II C	≈ 0,3 mm	≈ 0,011 mWs

Die Gruppe II C enthält nur Wasserstoff. Die Gruppenbezeichnungen von Azetylen und Schwefelkohlenstoff liegen noch nicht fest.

Die Mindestzündenergien von Staub-Luftgemischen (mit Ausnahme der Stäube von Sprengstoffen und ähnlich reaktionsfähigen Stoffen) liegen etwa zwi-

Gefahren durch statische Elektrizität 45

schen 10 und 100 mWs, sind also etwa 50 bis 1000 mal größer als für Gas-Luft- beziehungsweise Dampf-Luftgemische. Die Kenntnis der Mindestzündenergie ist in Verbindung mit weiteren Bestimmungsgrößen ein wichtiges Hilfsmittel auch für die Beurteilung der Zündfähigkeit elektrostatischer Ladungen.

1.4.3. Statische Elektrizität als Zündquelle

Wie andere Energiequellen auch können elektrostatische Ladungen nur dann zur Zündquelle werden, wenn der Teil ihres Energieinhaltes, welcher sich innerhalb eines brennbaren Gemisches lokalisiert ausgleichen kann, wenigstens gleich dessen Mindestzündenergie ist.

Der Ladungsausgleich kann nach [1], Abschn. 3.3 als Funken-, Büschel- oder Gleitstielbüschelentladung erfolgen.

1.4.3.1. Entladung isolierter Leiter

Funkenentladungen entstehen hauptsächlich zwischen zwei Leitern. Ihre Zündfähigkeit kann bei Kenntnis der Kapazität des Leitersystems und der Spannung oder der Ladungsmenge nach (18) bestimmt werden. Der Energieinhalt des Kondensators muß mindestens gleich der Mindestzündenergie des brennbaren Gemisches sein.

Nach (18) sind bei gleicher Ladungsmenge die Spannungen und die Energieinhalte von Kondensatoren umgekehrt proportional ihren Kapazitäten. (Die physikalische Erklärung ergibt sich daraus, daß bei Verkleinerung der Kapazität zum Beispiel durch Abstandsvergrößerung die Ladungen gegen die Feldkräfte transportiert werden, also Arbeit verrichtet werden muß).

Das Verfahren, den Energieinhalt des aufgeladenen Kondensators gleich der Mindestzündenergie zu setzen, ist für kleine Kapazitätswerte nicht ohne weiteres anwendbar. Es ist zu vermuten, daß eine von der Geometrie der Anordnung abhängige Mindestladungsmenge und Mindestfläche notwendig sind, um einen zündfähigen Ladungsausgleich zu erzielen. Der Energieinhalt eines Elektrodensystems, dem die genannten Voraussetzungen fehlen, kann räumlich und zeitlich nicht konzentriert wirksam werden, da bei großem Abstand die Feldstärken zu klein sind, und bei Annäherung der (zum Beispiel stabförmigen) Gegenelektrode durch Vergrößerung der Kapazität der Energieinhalt unter die Mindestzündenergie absinken kann.

Keinesfalls kann daher die Kapazität als alleiniger Maßstab für die Gefährlichkeit von Ladungsansammlungen dienen. Dieser Punkt spielt eine wichtige Rolle bei der Beurteilung elektrostatischer Erdungen leitfähiger Armaturen usw.

1.4.3.2. Entladung von Isolierstoffen

Bei sehr großen, in der Praxis kaum zu erwartenden Ladungsansammlungen können zündfähige Funkenentladungen auch zwischen aufgeladenen Nichtleitern (Flächen- oder Raumladungen) und einem Leiter auftreten.

Bei der Entladung von Nichtleitern treten vorzugsweise als besondere Form der Koronaentladung (vgl. DIN 1326, Sept. 64) Büschelentladungen auf. Gegenstände, an denen sich vorzugsweise Büschel ausbilden können, sind zum Beispiel Rohrleitungen, Krümmer, Schrauben, Niete und Werkzeuge. Solche Entladungen können explosible Gas- oder Dampf-Luftgemische zünden, wenn sie zum Beispiel aus einer zylinderförmigen Elektrode mit einem Durchmesser > 5 mm und etwa halbkugelförmigem Ende (Finger) austreten.

Hierzu können bei Wasserstoff-Luftgemischen bereits stark aufgeladene Flächen von etwa 20 cm^2 und bei Dampf-Luftgemischen der üblichen Lösungsmittel (Ex-Gruppe 1) solche von 100 cm^2 ausreichen. (Näheres unter 3.3.2 in [1]. Dagegen sind Büschelentladungen, die an Spitzen (Krümmungsradien kleiner als 1 mm) entstehen, im allgemeinen nicht zündfähig. Entladungen, die aus Schneiden austreten, können jedoch Wasserstoff-Luft- und wahrscheinlich auch Schwefelkohlenstoff-Luftgemische entzünden.

Büschelentladungen können aus leitfähigen Elektroden sowohl bei Annäherung der (zum Beispiel geerdeten) Elektrode an einen geladenen Körper als auch aus einer festen Elektrode gegenüber bewegten Ladungen austreten.

Bei ruhendem Träger verläuft der Entladungsvorgang ähnlich dem der Entladung eines Kondensators ohne Ladungsnachschub.

Bei bewegten Ladungen, wie zum Beispiel schnell laufenden Folien, strömenden Flüssigkeiten, Staubströmen, aus Düsen austretenden Staub- oder Nebelwolken oder im Gasstrom mitgerissenen festen oder kondensierten Bestandteilen, wird ständig Energie nachgeliefert, so daß zündfähige Entladungsvorgänge längere Zeit andauern können.

An laufenden Folien sind zum Beispiel nach deren absichtlicher Entladung durch Ionisationsgeräte häufig noch relativ kleine, weder störende noch gefährliche, Flächenladungen vorhanden. Diese Ladungen können aber beim Aufwickeln der Folien durch Konzentration in kleinem Volumen zur Ursache gefährlich hoher Feldstärken werden.

Bei sehr hohen Aufladungen eines Isolierstoffes z.b. durch Aufsprühen, während dieser in dünner Schicht (kleiner als 8 mm) auf einem geerdeten leitfähigen Gegenstand liegt, können Gleitstielbüschelentladungen entstehen. Die Zündfähigkeit ist so groß, daß mit Zündungen brennbarer Stoffe — auch von Staub-Luftgemischen — im gesamten Zündbereich gerechnet werden muß. Siehe [1] 3.3.3.

1.4.3.3. Zündung durch den Menschen

Der Mensch ist — elektrostatisch betrachtet — ein guter Leiter. Zündfähige Entladungen sind möglich

1. zwischen geerdetem Menschen und aufgeladenem Leiter oder Nichtleiter,
2. zwischen aufgeladenem Menschen und geerdetem Leiter,
3. zwischen aufgeladenem Menschen und isoliertem, evtl. geladenem Leiter.

Der Mensch kann auch durch Aufenthalt in einem elektrischen Feld influenziert sein. Dann ist sogar zweimal nacheinander ein zündfähiger Ausgleich möglich.

1.4.4. Ladungsausgleich außerhalb explosionsgefährdeter Bereiche

Entladungsvorgänge können auch außerhalb von Bereichen brennbarer Gemische zur Unfallgefahr durch Schockwirkungen werden.

Die Voraussetzungen hierfür liegen sowohl dann vor, wenn Menschen selbst aufgeladen oder influenziert sind und gegen geerdete Teile entladen werden als auch dann, wenn ein geladener Körper über einen Menschen entladen wird.

Direkte gesundheitliche Schädigungen sind bei diesen Vorgängen nicht zu befürchten, wohl aber können Schreck und Angst vor neuen Schlägen zu Unsicherheit und Fehlhandlungen führen.

1. Physikalische Grundlagen

Erfahrungsgemäß werden direkte Entladungen des Menschen gegen Erde z.B. über die Hand ab etwa 2 kV als Schläge empfunden. Nach (18) beträgt bei dieser Spannung der Energieinhalt mir C_{Mensch} = 200 pF nach (15a) W = 0,4 mWs.

Nach [42] muß ab 250 mWs mit einem schweren Schock gerechnet werden. Dies würde einer Aufladung des Menschen von ca. 50 kV entsprechen. Direktentladungen über den Menschen ab 10 Ws sind lebensgefährlich. Im folgenden sind einige Werte von Kapazitäten mit den dazugehörigen Spannungen für einen Energieinhalt von 10 Ws angegeben:

C	200 pF	2000 pF	0,2 µF
U_{kV}	320	100	10

Eine Energie von ca. 12 Ws ist nach (18) z.B. auch in einer Folie gespeichert, bei der auf einer Fläche mit einem Durchmesser von 50 cm, einer Dicke von 20 µm und einem ϵ_r von 3 nach 1.4.3.2, letzter Absatz, Ladungen so aufgesprüht wurden, daß eine Ladungsdichte vorhanden ist, die einer Spannung zwischen Vorder- und Rückseite von 10 kV entspricht. Mit derart aufgeladenen Folien muß daher äusserst vorsichtig hantiert werden.

2. Meßtechnik

2.1. Allgemeines über Messungen und ihre Auswertung

Die Bekämpfung statischer Elektrizität erfordert häufig einen erheblichen Aufwand und ist nur dann sinnvoll, wenn elektrostatische Aufladungen wirklich die Ursache von Störungen oder Gefahren sind oder werden können. Die Zusammenhänge sind nicht immer ohne weiteres erkennbar und lassen sich häufig nur mit Hilfe von Messungen klären.

Mit geeigneten Geräten können Aufladungen zum Beispiel auch dort entdeckt und gemessen werden, wo sie nicht vermutet werden.

Ohne Messungen ist eine Beurteilung der Gefährlichkeit von Aufladungen und der Wirksamkeit von Bekämpfungsmaßnahmen oft gar nicht möglich. Für die verschiedenen Bestimmungsgrößen gibt es mehrere Verfahren, über deren Eignung im folgenden einige Hinweise gegeben werden.

Oft muß an unzulänglichen Stellen, in staubiger oder aggressiver Atmosphäre, in explosionsgefährdeten Räumen, bei hohen Temperaturen oder unter sonst erschwerten Bedingungen gemessen werden. Messungen im Betrieb und vor allem deren richtige Auswertung stellen daher meist eine schwierige Aufgabe dar und erfordern die Beachtung möglichst aller Einflußgrößen.

So muß beispielsweise geprüft werden, ob durch die Messung selbst die Verhältnisse nicht zu sehr geändert werden. Neben Feuchtigkeitsgehalt und Temperatur der Luft können auch deren Bewegung und Zusammensetzung (Gehalt an Aerosolen) eine wichtige Rolle spielen. Besondere Aufmerksamkeit muß auch der Veränderung der Verhältnisse gewidmet werden, welche durch Hantieren an der Anlage wie Probenehmen oder Arbeiten mit Werkzeugen und der Aufladung von Menschen hervorgerufen werden.

Die Betriebsbedingungen sind von Fall zu Fall verschieden und wechseln im allgemeinen außerdem ständig. Mit absichtlichen und ungewollten Änderungen der Verhältnisse muß jederzeit gerechnet werden. Es ist daher sehr schwierig, einen Normalzustand zu definieren und – vor allem bei Messungen aus Sicherheitsgründen – die ungünstigsten Bedingungen zu erfassen.

Die zahlreichen Einflußgrößen für die Höhe der Aufladung bewirken, daß der Aussagewert einer einzelnen Messung meist gering ist und nur orientierenden Charakter haben kann. Zuverlässige Unterlagen können daher im allgemeinen nur durch Meßreihen zu verschiedenen Zeiten gewonnen werden.

2. Meßtechnik

Bei Untersuchungen unter Betriebsbedingungen genügt es im allgemeinen, Relativmessungen durchzuführen. Dies gilt zum Beispiel dann, wenn die Wirksamkeit von Bekämpfungsmaßnahmen geprüft werden soll.

In explosionsgefährdeten Räumen ist zunächst zu prüfen, ob nicht etwa durch die Messung selbst die Zündgefahr erhöht wird. Mit dieser Möglichkeit muß besonders dann gerechnet werden, wenn durch das Einbringen von Meßgeräten Feldverzerrungen entstehen.

Dies muß auch bei Verwendung ex-geschützter Meßgeräte beachtet werden. Hierbei kann leicht ein falsches Gefühl der Sicherheit entstehen, da die Zündgefahren als Folge von Feldverzerrungen hierdurch nicht ausgeschaltet werden.

Wenn sich die Anwesenheit brennbarer Gemische während der Messung nicht sicher ausschließen läßt, sollte mit Schutzgas gearbeitet werden.

Zur Anforderung an die Genauigkeit ist festzustellen, daß die verschiedenen Einflußgrößen Schwankungen und Änderungen der Feldstärke zwischen praktisch Null und der Durchschlagfeldstärke bewirken. Relativ geringfügige Änderungen der Verhältnisse können die Ladungsdichte um mehrere Zehnerpotenzen verändern. Im inhomogenen Feld ist unter Betriebsbedingungen die genaue Konstanthaltung einer vorgegebenen Meßanordnung im allgemeinen nicht möglich, da sich die Lage des bewegten Ladungsträgers dauernd ändert. Es kommt daher weniger auf hohe Genauigkeit der Einzelmessung an als auf richtige Erfassung aller vermutlichen Einflußgrößen wie zum Beispiel Geschwindigkeit, Art des Reibmittels, Oberflächenbeschaffenheit und Temperaturen der Kontaktpartner, relative Luftfeuchtigkeit sowie Lage- und Abstandsänderungen.

Auf die Messung der nichtelektrischen Größen wird hier nicht eingegangen.

2.2. Nachweisverfahren

Häufig sind Aufladungen bereits ohne jedes Hilfsmittel an ihren Kraftwirkungen (Anziehung oder Abstoßung) zu erkennen. Starke Aufladungen, wie diese beispielsweise bei hohen Geschwindigkeiten bewegter Bahnen auftreten können, lassen sich durch das Aufleuchten von Glimmlampen nachweisen, die in die Nähe der Ladungsträger gehalten werden.

Ein bequemes und einfaches Hilfsmittel zum Nachweis von Entladungsvorgängen sind die von diesen ausgehenden Hochfrequenzschwingungen, die man mit einem handelsüblichen Rundfunkempfänger als Prasselgeräusche wahrnimmt. Mit einem möglichst breitbandigen Empfänger in ex-geschützter Ausführung kann bei entsprechender Vorsicht auch das Innere geschlossener Apparaturen auf Entladevorgänge untersucht werden. Serienmäßig lieferbare Geräte sind in Entwicklung.

Bei einiger Erfahrung ermöglichen diese Verfahren bereits eine gewisse Abschätzung der Höhe der Aufladung.

2.3. Messung der verschiedenen Bestimmungsgrößen

2.3.1. Ladungsmenge, Spannung und deren Polarität

2.3.1.1. Ladungsmenge und Spannung

Für geladene elektrische Leiter besteht zwischen Ladungsmenge und Spannung die Beziehung (12), mit welcher aus einer Spannungs- und Kapazitätsmessung die Ladungsmenge in einfacher Weise errechnet werden kann.

Die Spannung muß möglichst leistungslos gemessen werden. Geeignete Geräte sind elektrostatische Voltmeter und Elektrometer, von denen es eine große Zahl von serienmäßig hergestellten Ausführungsformen gibt. Man kann sich einfache Geräte aber auch selbst bauen und kalibrieren, wofür Hinweise in [12] zu finden sind. Zur Feststellung und Messung der Ladung beziehungsweise Spannung werden ein Pol des Gerätes (das Gehäuse) geerdet und der zweite Pol mit dem Meßobjekt verbunden. Bei Meßobjekten kleiner Kapazität muß für die Berechnung der Ladung nach (12) die parallel geschaltete Kapazität des Meßgerätes nach (16) berücksichtigt werden. Zuverlässige Messungen sind nur bei guter Isolation der gesamten Anordnung zu erwarten.

Im homogenen Feld können Ladungsmenge und Spannung auch aus Feldstärkemessungen mit (3, 4, 9) und (12) berechnet werden.

Für Staub und Flüssigkeiten kann unter der Voraussetzung unipolarer Aufladung (was häufig vorkommt) die spezifische Ladung (As/kg) dadurch bestimmt werden, daß eine abgewogene, relative kleine Menge des Stoffes in einem gegen die Umgebung isolierten Metallgefäß der Kapazität C aufgefangen und dessen Spannung nach einem der beschriebenen Verfahren gemessen wird.

An sich wäre die Bestimmung von Q und U auch aus den Kraftwirkungen oder mit Hilfe von Influenzsonden möglich. Beide Verfahren sind aber in der Praxis nicht üblich. Aus Q und U kann mit (18) auch der Energieinhalt des aufgeladenen Leiters berechnet werden.

2.3.1.2. Polarität

Die Polarität wird ermittelt

1. für aufgeladene Leiter
a) bei Verwendung von Feldstärkemeßgeräten aus der Richtung des Zeigerausschlages,
b) aus der Richtung des Ableitstromes,
c) mit Hilfe eines Voltmeters, dessen Anzeige vorzeichenabhängig ist,
d) bei Verwendung eines elektrostatischen Voltmeters oder Elektrometers aus der Richtung des Entladestromes, wobei bei kleinen Kapazitäten zweckmäßig ein Kondensator parallel geschaltet wird. Man kann auch ein Elektrometer mit bekannter Polarität aufladen und dann mit der auf Polarität zu untersuchenden Elektrode verbinden. Bei gleicher Polarität nimmt der Ausschlag zu und bei entgegengesetzter nimmt er ab. Bei Abnahme des Ausschlages empfiehlt sich eine Kontrolle durch Vertauschung der Reihenfolge oder Aufladung mit der Polarität der Elektrode.

2. für Nichtleiter
a) aus der Ausschlagsrichtung eines Feldstärkemeßgerätes; dabei wird das Überwiegen von Ladungen eines Vorzeichens im erfaßten Bereich festgestellt. (Vergl. 2.3.3.1).
b) zur Bestimmung der Feinstruktur mit Hilfe einer Pulvermethode. Man verwendet nach [27] eine Mischung aus zwei verschiedenfarbigen Komponenten, welche so zusammengesetzt ist, daß sich beim Schütteln die eine Komponente positiv und die andere negativ auflädt. Bei Vorhandensein positiv und negativ geladener Flächenteile werden die positiv geladenen Teilchen zu den negativen und die der negativ geladenen Komponente zu den positiven Stellen hingezogen. Rezepte für derartige Mischungen sind zum Beispiel:

70 g Lycopodium-Pulver werden in 100 cm^3 einer zweiprozentigen Lösung von Methylviolett in Alkohol gefärbt und an der Luft getrocknet. Ein Volumteil Karmin wird mit 5 Volumenteilen Schwefelblüte gemahlen und mit 3 Volumenteilen des gefärbten Lycopodium-Pulvers gemischt. Lycopodium lädt sich positiv auf, Karmin und Schwefel negativ. Daher werden positive Ladungen rot, negative blau gefärbt.

Eine Mischung aus Schwefel und Mennige lädt sich beim Schütteln in der Weise auf, daß der Schwefel negativ und die Mennige positiv werden. Die Schwefelteilchen haften also an den positiven und die Mennigeteilchen an den negativen Stellen der Oberfläche.

3. sowohl für Leiter als auch für Nichtleiter aus den Kraftwirkungen zwischen dem geladenen Meßobjekt und einem mit bekannter Polarität aufgeladenen Probekörper.

2.3.2. Feldstärke und Feldverlauf

2.3.2.1. Feldstärke

Handelsübliche Feldstärkemeßgeräte messen berührungsfrei und praktisch leistungslos. Nach (4) kann aus Feldstärkemessungen direkt auf die Flächenladungsdichte geschlossen werden. Man muß häufig auf die Umrechnung auf Flächenladungsdichte verzichten, weil im inhomogenen Feld der Umrechnungsfaktor meist nicht ohne weiteres angegeben werden kann. Für die Beurteilung der Auswirkung von Aufladungen oder der Wirksamkeit von Ableitungsmaßnahmen reichen Feldstärkemessungen aus. Bei Betriebsuntersuchungen begnügt man sich daher meist mit der Messung der Feldstärke, die vor allem im inhomogenen Feld als relatives Maß für die Höhe der Aufladung dient.

Gebräuchliche Geräte, − auf deren Beschreibung verzichtet werden muß −, wie zum Beispiel das rotierende Feldstärkemeßgerat nach Schwenkhagen und das Statometer, messen die Feldstärke über die Ladungsverschiebung am Eingang eines Meßkopfes, der hierzu in die Nähe des Ladungsträgers gebracht wird.

Die wichtigste Voraussetzung für die richtige Auswertung ist, daß die Messungen jeweils unter gleichen Bedingungen erfolgen. Im homogenen Feld ist dies verhältnismäßig einfach. Um definierte Verhältnisse zu schaffen, kann man den Eingang des Meßkopfes in die passende Öffnung einer Metallplatte legen, so daß beide zusammen eine Ebene bilden. Ordnet man diese als geerdete Elektrode parallel zu einer ebenfalls ebenen, geladenen Fläche so an, daß der Abstand klein gegen die Kantenlängen der Flächen ist, dann entsteht bei gleichmäßiger Flächenladungsdichte im Bereich des Meßkopfes ein homogenes Feld.

Die Ladungsverschiebung in der Meßkopfebene ergibt sich aus der Geometrie der Anordnung. Das von der Flächenladung ausgehende Feld breitet sich nicht nur zwischen Folie und Meßkopfebene sondern auch zwischen der Folie und der übrigen Umgebung aus.

Die gemessene Flächenladung kann nur ein Potential gegen Erde haben. Dies entspricht einer Spannung $U = E \cdot s$.

Wenn beispielsweise eine aufgeladene Folie im Abstand s_1 parallel zu einer geerdeten Metallfläche liegt, und die Feldstärke auf der anderen Seite der Folie mit einem Meßkopf im Abstand s_2 gemessen wird, ergeben sich folgende Verhältnisse:

Die Feldstärke zwischen Folie und Metallfläche sei E_1, die gemessene Feldstärke sei E_2. Dann gilt $E_1 \cdot s_1 = E_2 \cdot s_2$.

Unter Verwendung von (4, 11, 12) und (16) werden

$$E_2 = \frac{\sigma}{\epsilon_0 (1 + \frac{s_2}{s_1})}, \tag{31a}$$

$$\sigma = (1 + \frac{s_2}{s_1}) \cdot \epsilon_0 \cdot E_2 \tag{31b}$$

und

$$E = (1 + \frac{s_2}{s_1}) \cdot E_2. \tag{31c}$$

Wenn $s_2 \ll s_1$, werden $E_2 = \frac{\sigma}{\epsilon_0}$ und $\sigma = \epsilon_0 \cdot E_2$ nach (4).

Bei der Auswertung derartiger Messungen muß daher auch der Einfluß rückwärtiger Elektroden berücksichtigt werden. Ohne deren Berücksichtigung wird aus der Feldstärkemessung auf eine zu kleine Flächenladungsdichte geschlossen, vergl. auch Beispiel 11.

Im inhomogenen Feld ist die gemessene Feldstärke je nach den Verhältnissen in starkem Maße vom Abstand zum Meßobjekt abhängig, wie dies auch aus den

Messung der verschiedenen Bestimmungsgrößen 55

Feldlinienbildern zu erkennen ist. Bei Meßreihen muß daher unbedingt darauf geachtet werden, daß jedesmal die gleiche Anordnung verwendet wird. Trotzdem ist die Auswertung schwierig und eine Absolutbestimmung der Flächenladungsdichte im allgemeinen nicht ohne weiteres möglich. Häufig genügen aber Relativmessungen, wie z.b. bei Untersuchungen über die Wirksamkeit von Ableitungsmaßnahmen.

Die Feldstärkemessung ist sehr stark fremdfeldabhängig. Besonders bei kleiner Ladungsdichte des Meßobjektes können leicht Fehlmessungen entstehen durch die von stark geladenen Körpern in der Umgebung ausgehenden Felder.

3.2.2. Feldverlauf

Das exakte Ausmessen räumlicher elektrischer Felder ist eine schwierige und sehr zeitraubende Aufgabe. Man begnügt sich daher häufig mit relativ rohen Näherungsmethoden. Die gebräuchlichen Meßverfahren sind

a) Einbringen eines Probekörpers in das elektrische Feld,
b) Abtasten des Feldes mit einer Sonde und
c) Abbildung des Feldes in einem anderen oder mit Hilfe eines anderen Mediums.

Die allgemein gültige Forderung an die Meßtechnik, daß durch die Messung die Verhältnisse nicht in unzulässiger Weise geändert werden dürfen, läßt sich bei Feldmessungen nur sehr schwer erfüllen. So wird durch das Einbringen einer Sonde und ihrer Zuleitung in das Feld meist eine Feldverzerrung nicht zu vermeiden sein.

Die Feldmessungen werden durch die bereits unter 1.2.2 beschriebene graphische Darstellung des Feldes ergänzt. Der Feldverlauf kann auch im wesentlichen graphisch ermittelt werden. Hierzu muß man unter Beachtung der unter 1.2.2 angegebenen Regeln zunächst nach Gefühl den ungefähren Verlauf von Feld- und Äquipotentiallinien aufzeichnen. Durch schrittweises Korrigieren muß man versuchen, sich an den wahren Feldverlauf immer näher heranzutasten. Hierfür ist die Kenntnis einiger gemessener Potentialpunkte sehr nützlich.

Erheblich einfacher lassen sich Messungen des Verlaufs zweidimensionaler Felder durchführen, die nach der dritten Raumachse keine Komponente haben. Dann kann man einen Querschnitt der Elektrodenanordnung abbilden und ein Strömungsbild aufnehmen. Man verwendet sogenanntes Leitfähigkeitspapier,

56 2. Meßtechnik

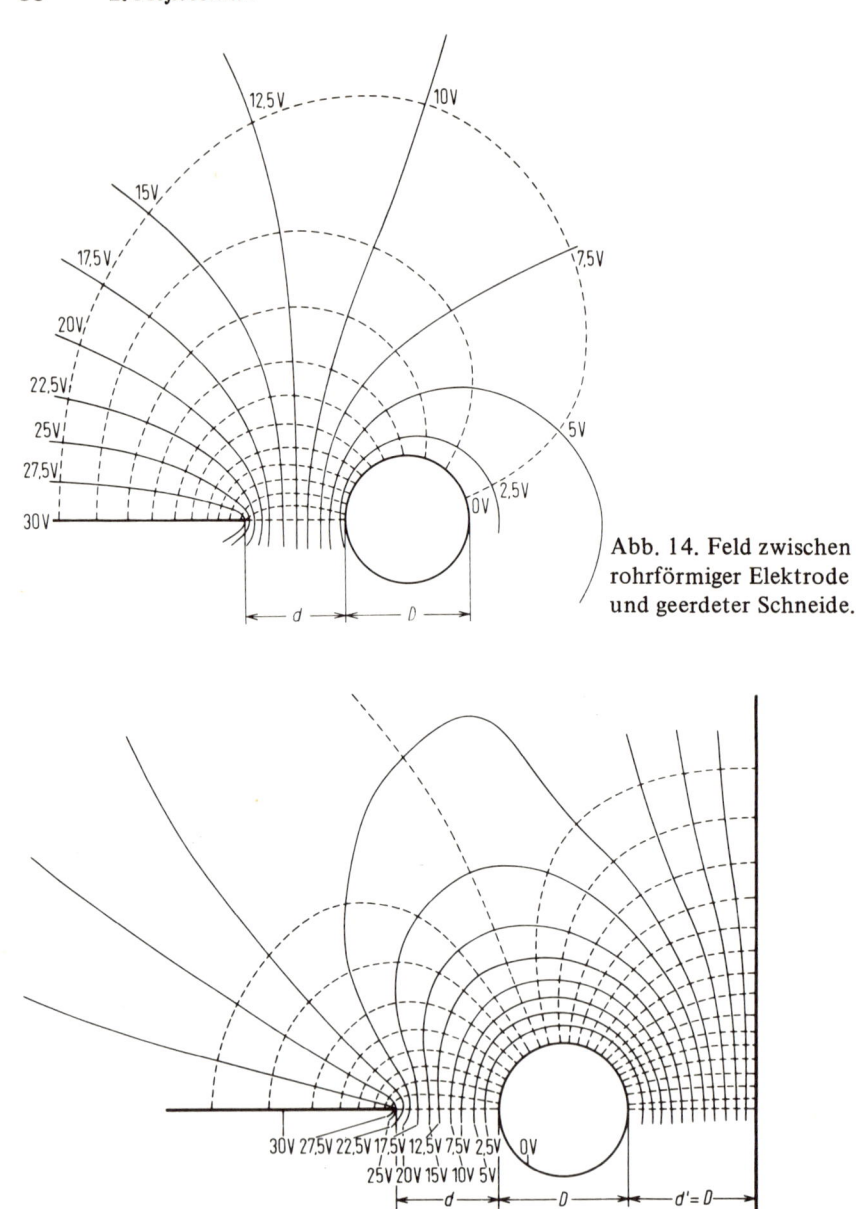

Abb. 14. Feld zwischen rohrförmiger Elektrode und geerdeter Schneide.

Abb. 15. Einfluß einer rückwärtigen, geerdeten Elektrode auf das Feld der Abb. 14.

Messung der verschiedenen Bestimmungsgrößen 57

welches einseitig leitfähig beschichtet wurde. Auf diese Schicht zeichnet man mit Leitsilber maßstäblich die Elektrodenschnitte. Die Spannungen werden über leicht federnde Metallbänder zugeführt. Mit einem sehr hochohmigen Voltmeter wird die Spannung zwischen einer der Elektroden und einer spitzen Sonde gemessen, mit der die Fläche abgetastet wird. Die Punkte gleichen Potentials ergeben Äquipotentiallinien, zu denen die Feldlinien zu konstruieren sind. (Abb. 14 - 16).

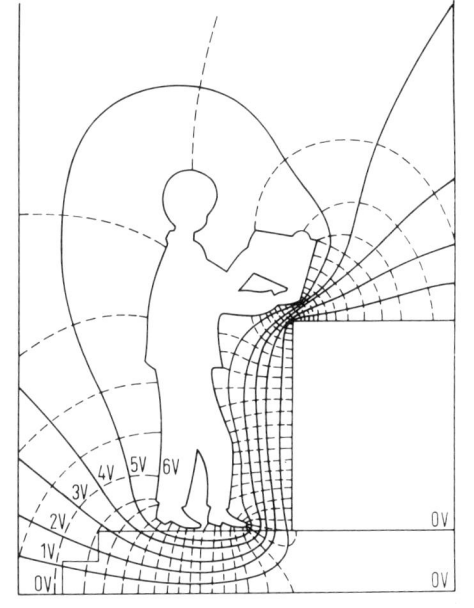

Abb. 16. Beispiel für gefährliche Feldverzerrung beim Hantieren eines aufgeladenen Menschen an einer Anlage.

2.3.3. Flächen- und Raumladungsdichte

2.3.3.1. Flächenladungsdichte

Für geladene elektrische Leiter kann die mittlere Ladungsdichte auf der Oberfläche nach einer Spannungs- und Kapazitätsmessung aus (12) und (13) berechnet werden.

Für Isolierstoffe ist die Ladungsdichte nicht ohne weiteres bestimmbar, da getrennte Ladungen beiderlei Vorzeichens vorhanden sein können. Mit Hilfe von Feldstärkemessungen nach 2.3.2.1 kann lediglich der mittlere Überschuß von Ladungen eines Vorzeichens im erfaßten Bereich ermittelt werden. Ladungen verschiedener Vorzeichen können sowohl dicht nebeneinander als auch auf beiden Seiten von Folien und dergleichen vorhanden sein.

Mit Hilfe eines auf den Meßkopf eines Feldstärkemeßgerätes aufgesetzten quadratischen Meßkanals, in dessen Mittellinie der Faden geführt wird, kann auch die Ladungsdichte einzelner Fäden oder schmaler Bänder gemessen werden. Die Ladungsmenge pro Längeneinheit σ_L ist dann $\sigma_L = k \cdot E$. Für eine Kantenbreite $b = 130$ mm des Kanals wird $k = 4{,}7 \cdot 10^{-12}$ As/V und für $b = 90$ mm wird $k = 3{,}0 \cdot 10^{-12}$ As/V. Bei Verlagerung des Fadens aus der Mittellinie des Kanals ergeben sich Meßfehler. Zur Abschätzung dieses Fehlers gelten für Fadendurchmesser zwischen 0,1 und 0,8 mm folgende Richtwerte: Bei seitlicher Verschiebung des Fadens parallel zum Meßkopf um 20 mm wird die Aufladung um bis zu 10% zu klein gemessen, bei Verschiebungen senkrecht zur Oberfläche des Meßkopfes nach oben um 10 mm beträgt der maximale Fehler 25%, bei entsprechender Verschiebung nach unten ca. 30%.

2.3.3.2. Raumladungsdichte

Unter Raumladungen sind die räumlich verteilten Ladungen zu verstehen, die zum Beispiel nach einer Staubaufwirbelung, nach dem Abblasen staub- oder feuchtigkeitshaltiger Gase, dem Versprühen von Flüssigkeiten in Staub- oder Nebelwolken oder aber in Flüssigkeiten vorhanden sind.

Diese geladenen Teilchen sind die Ursache eines elektrischen Feldes, aus dessen Stärke auf die Anzahl der Ladungseinheiten pro Raumeinheit und ihr Vorzeichen geschlossen werden kann. Gemessen wird nur der Überschuß von Ladungen eines Vorzeichens.

Für Messungen in Luft bzw. in Gasen wird hierzu zweckmäßig ein kubischer Abschirmkäfig aus einem Drahtnetz mit ca. 10 mm Maschenweite und der Kantenlänge c vor dem Meßkopf eines Feldstärkemeßgerätes befestigt. Dann wird nur die Raumladung innerhalb des Drahtkäfigs gemessen. Die elektrischen Felder von Raumladungen und sonstigen aufgeladenen Körpern außerhalb des Käfigs werden durch das Drahtnetz abgeschirmt. Der Zusammenhang zwischen der Raumladung ρ (in Ladungseinheiten pro Raumeinheit) und der gemessenen Feldstärke E ergibt sich mit einer Genauigkeit von etwa 5% aus

$$\rho = \frac{6 \cdot \epsilon_0 \cdot E}{c} \tag{32a}$$

Die Kantenlänge des Drahtkäfigs sollte mindestens c = 50 cm sein.

Für überschlägliche und vergleichende Messungen genügt es, den Meßkopf ohne Verwendung eines Abschirmkäfigs zum Beispiel in eine Wand einzubauen oder in umittelbarer Nähe einer Wand anzuordnen. Hierbei ist darauf zu achten, daß die Messung nicht durch Streufelder stark aufgeladener Körper beeinflußt wird.

Unter der Voraussetzung, daß die seitlichen Ausdehnungen des Raumes sehr viel größer sind als seine Höhen, ergibt sich für die Raumladung

$$\rho = \frac{2 \cdot \epsilon_0 \cdot E}{h} \tag{32b}$$

Angesammelte oder im Staub beziehungsweise Flüssigkeitsstrom mitgeführte Ladungsmengen können gemäß 2.3.1.1 gemessen werden.

Die Raumladungsdichte in Flüssigkeiten kann auch in ähnlicher Weise wie die in Luft mit Hilfe eines Meßkopfes gemessen werden, der sich in einer zylindrischen Schutzkammer aus perforiertem Blech befindet, die ihrerseits in eine Rohrleitung hineinragt. Vgl. 3.2.3 mit Abb. 21.

2.3.4. Kapazität und Dielektrizitätszahl

2.3.4.1. Kapazität

Es wurde bereits gezeigt, daß eine Kapazität nur zwischen gegeneinander isolierten elektrischen Leitern eindeutig definiert ist. Im Bereich der Elektrostatik handelt es sich hauptsächlich um die Kapazität des Systems isolierter Leiter gegen Erde.

Zur Messung verwendet man am besten eine der zahlreichen Ausführungen handelsüblicher Meßbrücken. Man kann sich aber auch wie folgt helfen: Hat man die Spannung eines aufgeladenen Leiters gegen Erde gemessen, dann schaltet man einen Kondensator mit bekannter Kapazität C_p parallel, ohne die Gesamtladung zu ändern. Dann wird aus (13) $Q = C_x \cdot U_1 = (C_x + C_p) U_2$ und nach einfacher Umformung

$$C_x = C_p \frac{U_2}{U_1 - U_2}$$

Am besten ermittelt man C_x, wenn C_p etwa gleich C_x ist. Zur Kapazität von Nichtleitern vergleiche 1.2.5.3.2.

2.3.4.2. Dielektrizitätszahl

Zur Ermittlung der Dielektrizitätszahl mißt man die Kapazität einer Elektrodenanordnung einmal in Luft zu C_L und einmal in Materie zu C_M. Dann wird

$$\epsilon_r = \frac{C_M}{C_L}$$

Die Dielektrizitätszahl von Platten und Rohren läßt sich auch dadurch bestimmen, daß man auf die Platten auf der Ober- und Unterseite am besten kreisrunde Elektroden zum Beispiel aus Leitsilber, Graphit oder dergleichen aufbringt, wobei der Durchmesser groß gegen den Abstand sein soll, und auf Zylindern entsprechend eine Innen- und eine Außenelektrode aufbringt, die Kapazität mißt und die Kapazität des Luftkondensators nach (11) beziehungsweise (11a) be ̄hnet.

Geeignete Elektrodenanordnungen für Staub und Flüssigkeiten sind ebenfalls Platten- oder Zylinderkondensatoren.

2.3.5. Ableitwiderstand und Wirksamkeit von Ableitungsmaßnahmen

2.3.5.1. Ableitwiderstand

Der Ableitwiderstand kann gemessen werden

a) aus Strom- und Spannungsmessung;
An der Elektrode wird eine Spannung, in die Erdleitung ein Galvanometer gelegt.
b) Mit Kurbelinduktoren, deren Meßbereich im allgemeinen zwischen 10 Kiloohm und 10 Megohm liegt;
c) mit Widerstandsbrücken, wobei der gesuchte Widerstand an die Klemmen einer fertigen Schaltung gelegt und die Brücke abgeglichen werden. Handelsübliche Meßbrücken haben meist dekadisch gestufte Meßbereiche von 10 Ohm bis 1 Megohm,
d) mit Teraohmmetern, bei denen z.B. die gleichgerichtete Meßspannung des Gerätes von einem batteriebetriebenen Zerhacker geliefert wird und bis zu etwa 300 Volt beträgt. In fünf dekadisch gestuften Meßbereichen können Widerstände zwischen 10^6 und 10^{13} Ohm gemessen werden.

2.3.5.2. Wirksamkeit von Ableitungsmaßnahmen

2.3.5.2.1. Leitfähige Gegenstände

Die Prüfung erfolgt durch Messung des Widerstandes zwischen Gegegenstand und Erde beziehungsweise zwischen zwei leitfähigen Behältern oder durch die Feststellung, daß eine durchgehende metallische Verbindung vorhanden ist. Beim Umfüllen brennbarer Flüssigkeiten Regel 5 samt Erläuterung beachten.

2.3.5.2.2. Feste und flüssige Isolierstoffe

2.3.5.2.2.1. Im einfachsten Falle besteht die Prüfung in der Feststellung, daß die unerwünschten Auswirkungen nicht mehr vorhanden sind.

2.3.5.2.2.2. Man mißt über die Feldstärke die Flächen- bzw. Raumladungsdichte vor und hinter der Ableitvorrichtung beziehungsweise vor und nach Durchführung sonstiger Maßnahmen gemäß 3.2.1.

2.3.5.2.3. Prüfen von Ionisatoren.

2.3.5.2.3.1. Für Hochspannungssprühstäbe nach der Schaltung gemäß Abb. 17.

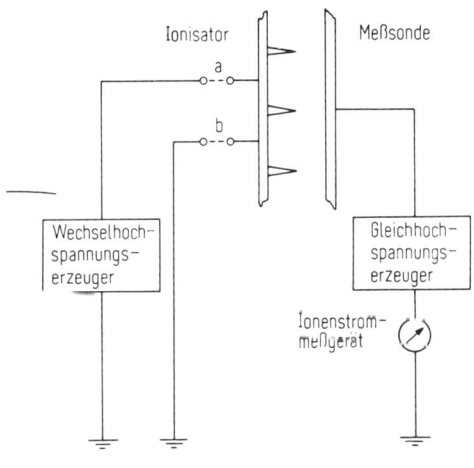

Abb. 17. Meßprinzip des Gerätes für die Prüfung von Ionisatoren für Entladungszwecke nach Schwenkhagen [28].

a) Ionisator an Wechselhochspannung
b) Ionisator geerdet

2.3.5.2.3.2. Für geerdete Spitzenionisatoren oder radioaktive Ionisatoren ebenfalls gemäß Abb. 17 unter Wegfall des Wechselhochspannungserzeugers. Eine Anweisung ist unter 2.3.6.1 und im Beispiel 11 zu finden.

2.3.6. Lade- und Entladestrom

Die Ermittlung von Lade- und Entladestrom ermöglicht ein Urteil darüber, ob Ableitungsmaßnahmen wirksam sind und ob leitfähige Gegenstände ausreichend geerdet sind.

2.3.6.1. Ladestrom

Eine direkte Messung des Ladestroms ist im allgemeinen dann nicht möglich, wenn es sich um Ladungsmengen handelt, die auf einem Träger aus Isolierstoff transportiert werden.
Der Ladestrom kann ermittelt werden

a) nach (29) aus dem Spannungsgleichgewicht eines relativ hochohmig geerdeten Leiters unter der Voraussetzung, daß sämtliche Ladungen über diesen Leiter und seinen Ableitwiderstand abfließen, also das Spannungsgleichgewicht vor dem Absprühen von Ladungen erreicht ist, und keine Restladungen auf dem Träger verbleiben,

b) aus der Flächenladungsdichte nach 2.3.3, der Breite b und Geschwindigkeit v des Ladungsträgers zu

$$I_L = \sigma \cdot b \cdot v, \tag{33}$$

wenn Ladungsdichte und Polarität auf der Fläche einigermaßen konstant sind. Wegen der nach Höhe und Polarität über Länge und Breite schwankenden Ladungsdichte ist im allgemeinen nur eine ungefähre Abschätzung möglich.

c) durch Messung des Entladestromes entgegengesetzter Polarität eines leitfähigen Kontaktpartners, zum Beispiel einer metallischen Walze, wenn der Ladungsträger vor der Berührung neutral war, dadurch, daß die Walze isoliert gelagert und über ein Galvanometer, möglichst mit Nullpunkt in der Mitte, geerdet wird.

2.3.6.2. Entladestrom

Der Entladestrom kann ermittelt werden
a) aus dem Spannungsgleichgewicht nach (29),
b) durch Einschaltung eines Galvanometers, möglichst mit Nullpunkt in der Mitte, in die Erdleitung zum Beispiel eines Spitzenionisators oder radioaktiven Ionisators.

2.3.7. Leitfähigkeit

Die Leitfähigkeit von Stoffen (der Kehrwert des spezifischen Widerstandes) wird aus Widerstandsmessungen zwischen geeigneten Elektroden errechnet.
Die Widerstandsmessung kann erfolgen

1. nach DIN 53 482 Prüfung von Isolierstoffen, Bestimmung der elektrischen Widerstandswerte (spezifischer Durchgangswiderstand, Widerstand zwischen Stöpseln, Oberflächenwiderstand) vergleiche auch 2.3.8.5.
2. mit elektrostatischem Voltmeter aus der Entladezeit eines Kondensators,
3. mit Meßzellen für Flüssigkeiten und Staub. Mit (30) kann die Leitfähigkeit eines Stoffes aus der Selbstentladezeit ermittelt werden, wenn sich dieser als Dielektrikum mit bekannter Dielektrizitätskonstante in einem Kondensator befindet.

Nach [2] verwendet man zum Beispiel eine Meßzelle, die aus einem zylindrischen Metallgefäß als geerdeter Elektrode und einer gegen diese hochisolierten Metallkugel als Gegenelektrode besteht. Die Kugel befindet sich an einem Metallstab, der zur Befestigung und als Zuleitung dient. Die Anordnung wird mit einem elektrostatischen Voltmeter verbunden.

Für Flüssigkeiten verwendet man auch U-förmige Meßgefäße mit eingebauten Elektroden, mit denen der Widerstand bei 50 Hertz gemessen wird. Durch die Gefäßform und die Verwendung von Wechselstrom werden Fehler durch Polarisation vermieden.

Die Polarisation wirkt wie die Kapazität eines in Serie geschalteten Kondensators. Der Fehler wird umso kleiner, je größer die Elektrodenflächen, je höher die Frequenz und der Widerstand des Elektrolyten (durch große Länge und kleinen Querschnitt des Flüssigkeitsfadens) sind.

Zur Überprüfung der Leitfähigkeit leichter Erdölprodukte vor dem Umfüllen, zum Beispiel vor dem Betanken von Flugzeugen, dient ein tragbarer transistorierter Leitfähigkeitsanzeiger*. Eine aus zwei konzentrischen Zylinderelektroden bestehende Meßsonde wird in die Flüssigkeit eingetaucht. Die Leitfähigkeit kann am Anzeigeninstrument direkt abgelesen werden.

Das Gerät ist zur Verwendung in explosionsgefährdeten Bereichen zugelassen.

2.3.8. Spezielle elektrische Eigenschaften

2.3.8.1. Ableitfähigkeit von Fußböden

Die Ableitfähigkeit von Fußböden soll nach DIN 51 953 gemessen werden.

Im allgemeinen gilt in explosionsgefährdeten Räumen ein Fußboden als ausreichend leitfähig zum Ableiten elektrostatischer Aufladungen, wenn der nach dieser Vorschrift gemessene Widerstand zwischen einer über angefeuchtetes Fließpapier auf den vorher gereinigten Fußboden aufgesetzten Elektrode von 20 cm^2 Meßfläche und Erde 10^6 Ohm nicht übersteigt.

Der Ableitwiderstand darf höhere Werte annehmen, wenn keine besonderen Gründe (zum Beispiel starke elektrische Aufladung, Anwesenheit von Sprengstoffen) dagegen sprechen. Dann muß aber stets sachverständig abgeschätzt werden, ob eine Gewähr dafür gegeben ist, daß der Ableitwiderstand bei Berücksichtigung aller widerstandserhöhenden Umstände (zum Beispiel niedrige relative Luftfeuchtigkeit, allmähliche Bildung isolierender Fremdschichten) unter 10^8 Ohm bleibt.

Besonders dann, wenn mit Verschmutzungen des Fußbodens durch isolierende Fremdschichten wie Lackresten, eingetrockneter Gummilösung und dergleichen gerechnet werden muß, soll man sich nicht mit den beiden nach DIN 51 953 vorgeschriebenen Messungen (4 Wochen nach Verlegung und 12 Monate später) begnügen, sondern Regel 6 (siehe 3.3) anwenden und je nach den betrieblichen Gegebenheiten weitere Kontrollmessungen in geeigneten Abständen durchführen.

---

* zum Beispiel Fa. Maihak, Hamburg

In nichtexplosionsgefährdeten Räumen kann für die Beurteilung der Ableitfähigkeit von Fußböden, die im allgemeinen Sprachgebrauch als „antistatisch" gelten, von der Zeitkonstanten τ nach (24) ausgegangen werden. Setzt man C_{Mensch} etwa 100 pF und $\tau = 1$ s, dann erhält man $R_{max} = 1 \cdot 10^{10}$ Ohm. Dies ist rechnerisch die äußerst zulässige Grenze, da mit einer kleinen Kapazität des Menschen gerechnet wurde. Bei verlegten Fußböden ist ein nach DIN 51 953 gemessener Ableitwiderstand von $1 \cdot 10^{10}$ Ohm ein praktikabler Grenzwert zwischen „antistatischen" und nicht ausreichend leitfähigen Fußböden.

Dabei ist zu beachten, daß der Ableitwiderstand meist stark klimaabhängig ist. Temperatur und relative Luftfeuchtigkeit der Raumluft zum Zeitpunkt der Messung müssen unbedingt erfaßt werden. Der Beurteilung sollte im allgemeinen das Prüfklima 20 °C/30 % relative Feuchte zugrunde gelegt werden.

Wenn sich zeigt, daß trotz wesentlich höherer Ableitwiderstände beim Begehen keine spürbaren Personenaufladungen auftreten, kann in speziellen Fällen der Beurteilung auch das Spannungsgleichgewicht von Personen beim Begehen zugrunde gelegt werden. Hierfür müßten je nach Raumgröße und -Ausstattung von Fall zu Fall Vereinbarungen getroffen werden, z.B. derart, daß bei 10 Versuchspersonen die Spannung nach 10 schlurfenden oder schnellen Schritten kleiner als 1 kV sein muß. Dies ist aber kein antistatischer Fußboden, da zwar keine Aufladungen beim Begehen auftreten, Personenaufladungen aus anderer Ursache aber nicht schnell genug abgeleitet werden.

Es sei darauf hingewiesen, daß die Ursache ungenügender Ableitung von Personenaufladungen auch bei antistatischen Fußböden die Fußbekleidung sein kann.

2.3.8.2. Prüfung von Fußbekleidung und Schutzhandschuhen

Nach den „Richtlinien" [1] gilt Fußbekleidung als elektrisch leitfähig, wenn der Widerstand zwischen einer Elektrode im Innern der Fußbekleidung und einer äußeren Elektrode kleiner als 10^8 Ohm ist.

An Schutzhandschuhe sind hinsichtlich ihres Durchgangswiderstandes die gleichen Foderungen wie an die Fußbekleidung zu stellen.

Bisher liegen keine für diesen Zweck geeigneten Vorschriften über die Art und Form der Elektroden und für das Prüfklima vor. Größe und Form der Außenelektrode und das Prüfklima zur Messung des elektrischen Durchgangswiderstandes der Laufsohle gemäß 4.4 von DIN 4843 (Entwurf) sind zur Prüfung der Isolierfähigkeit von Schuhwerk z.b. als Schutzmaßnahme beim Arbeiten an Starkstromanlagen entwickelt und hierfür auch geeignet. Sinngemäß das Gleiche gilt für die bisher vorliegenden Vorschriften zur Prüfung von Schutzhandschuhen.

Es dürfen aber — was immer wieder geschieht — die Prüfung auf elektrische Isolierfähigkeit, also auf einen Mindestwiderstand bei großer Elektrodenfläche und hoher relativer Luftfeuchtigkeit und die Prüfung auf Ableitfähigkeit für elektrostatische Ladungen bei kleiner Elektrodenfläche und niedriger relativer Luftfeuchtigkeit als jeweils ungünstige Bedingungen nicht verwechselt werden.

Für praxisnahe Prüfungen wie Stichproben bei Anlieferung oder Betriebskontrollen haben sich folgende Verfahren bewährt:

Die Prüfung von Fußbekleidung wie Arbeitsschuhen, Gummistiefeln und dergl. erfolgt am einfachsten und bisher am zuverlässigsten dadurch, daß das trockene und gereinigte Schuhwerk angezogen und dann der Widerstand zwischen einer stabförmigen metallischen Elektrode in einer Hand der Versuchsperson und einer metallischen ebenen Platte über die Fußbekleidung jeweils eines Fußes gemessen werden.

Die Meßspannung soll mindestens 100 Volt betragen. Geeignete Meßgeräte sind Kurbelinduktor und Teraohmmeter. (Strom auf max. 3 mA begrenzen!)

Das Prüfklima soll möglichst nahe bei 20 °C/30% relative Luftfeuchtigkeit liegen und in jedem Falle angegeben werden. Die Proben werden vor der Prüfung, wenn möglich, 24 Stunden im Klima 20 °C/30% relative Feuchte gelagert.

Die Prüfung von Schutzhandschuhen erfolgt am besten mit über die trockene Hand gezogenem Handschuh zwischen je einer stabförmigen metallischen Elektrode in jeder Hand mit den gleichen Meßgeräten und Klimabedingungen wie für die Prüfung von Fußbekleidung. Als Elektroden geeignet sind Stäbe oder Rohre mit ca. 40 mm Durchmesser und 150 mm Länge, die mit Anschlüssen für die Meßleitungen (am einfachsten Bohrungen für Bananenstecker) versehen sind.

2.3.8.3. Ableitwiderstand von Personen

Der Ableitwiderstand von Personen muß nicht nur genügend klein sein, um deren Aufladung zu verhindern, sondern es muß auch sichergestellt werden, daß sich nicht etwa metallische Gefäße, zum Beispiel Eimer, mit denen hantiert wird, unzulässig hoch aufladen. Der Ableitwiderstand von Personen wird daher zweckmäßig zwischen einer Elektrode über die Hände und, wenn dies den Arbeitsbedingungen entspricht, mit Handschuhen (auf denen sich zum Beispiel eine isolierende Fremdschicht gebildet haben kann), über die Schuhe gegen Erde gemessen. Ein geeignetes Gerät ist unter anderem der Ohmtester der Firma ELTEX-Elektronik G.m.b.H., Weil am Rhein.

2.3.8.4. Treibriemen

Zur Messung der Leitfähigkeit von Riemen im Betriebszustand wird über den Riemenumfang quer zur Laufrichtung ein Leitsilberstreifen von ca. 1 cm Breite aufgetragen und auf diesen eine Elektrode angeklemmt. Diese Elektrode soll gleichen Abstand zu beiden Riemenscheiben haben. Unter der Voraussetzung, daß es sich um (geerdete) Metallscheiben handelt, wird der Widerstand zwischen der Elektrode und einer Scheibe gemessen. Der zulässige Grenzwert für den Widerstand R_{max} leitfähiger Riemen ergibt sich aus $R \cdot B = 10^7$ Ωcm, wobei B die Breite des Riemens in Zentimetern ist.

Die Bestimmung des elektrischen Widerstandes von Treibriemen zur Verwendung im Bergbau soll nach [29] erfolgen.

2.3.8.5. Prüfung von Isolierstoffen

Die Bestimmung der elektrischen Widerstandswerte (spezifischer Durchgangswiderstand, Widerstand zwischen Stöpseln, Oberflächenwiderstand) soll nach DIN 53 482 erfolgen. Diese Vorschrift ist an sich als Prüfmethode für die Starkstromtechnik gedacht. Die Ergebnisse sind aber für die Beurteilung der Aufladbarkeit von Stoffen geeignet. In der Vorschrift sind genaue Hinweise für den Bau und die Anordnung geeigneter Elektroden enthalten. Meßeinrichtungen nach DIN 53 482 sollen die Messung bis 10^{10} Ohm mit 5% und bis 10^{12} Ohm mit 20% Fehler gestatten.

Die Beurteilung der elektrostatischen Eigenschaften von Kunststoffen, Kautschuk, Gummi und anderen elektrischen Isolierstoffen erfolgt nach DIN 53 486 [46].

Die Beurteilung der elektrostatischen Eigenschaften von Textilien erfolgt nach DIN 54 345 [47] durch Bestimmung elektrischer Widerstandsgrößen mit Hilfe einer speziell entwickelten Meßelektrode. Siehe auch [33] und [45].

3. Ausschaltung statischer Elektrizität als Gefahrenquelle

3.1. Prüfung der Voraussetzungen

Ein Ladungsausgleich — auch wenn er genügend kräftig ist — kann nur dann zur Zündursache werden, wenn er innerhalb zündfähiger Gemische stattfindet. Der beste Schutz ist daher die Vermeidung der Ansammlung explosibler Gemische. Hierdurch werden nicht nur die Gefahren durch statische Elektrizität sondern auch die durch sämtliche anderen möglichen Zündquellen ausgeschaltet. Die Anwesenheit zündfähiger Gemische ist häufig aber durch technologische Notwendigkeit bedingt.

Vom Sicherheitsstandpunkt aus muß man von den Folgen ausgehen, die eine Ladungsausgleich innerhalb eines explosionsgefährdeten Bereiches haben kann. Zu dessen Festlegung sind drei Ermittlungen erforderlich:

1. Können sich in dem zu beurteilenden Bereich überhaupt explosionsfähige Gemische bilden?

2. Welche Mengen explosibler Gemische können auf Grund der örtlichen und betrieblichen Verhältnisse vorhanden sein oder sich bilden, und wo können sie sich ansammeln?

3. Sind die zu erwartenden Mengen der Gemische mit Rücksicht auf die örtlichen und betrieblichen Verhältnisse gefahrdrohend?

Es würde hier zu weit führen, auf die Durchführung dieser Untersuchungen und Beurteilung der Verhältnisse genauer einzugehen. Für eine Entscheidung, ob das verbleibende Risiko vertretbar ist, sind fachliche und praktische Erfahrungen und in schwierigen Fällen Beratungen unerläßlich.

Im allgemeinen entscheidet das zuständige Gewerbeaufsichtsamt im Einvernehmen mit der zuständigen Berufsgenossenschaft darüber, in welchem Umfange ein Raum oder eine Betriebsanlage als explosionsgefährdet anzusehen ist.
Als Grundlage für derartige Entscheidungen dienen

1. für Gase und Dämpfe
a) zur ersten Orientierung Tab. 1 im Anhang von [1]
b) als wichtigste Informationsquelle [5] und
c) [21]

2. für Stäube
a) Tab. 2 im Anhang 3 von [1]
b) die Angaben in [19, 20, 21, 23, 24];

3. mit Rücksicht auf Regel 1 unter 3.3 noch
a) [8, 9, 10]
b) und schließlich [5, 6].

3.2. Verhinderung und Ableitung statischer Elektrizität
—Verfahren und Geräte —

3.2.1. Allgemeines

Wenn die Anwesenheit brennbarer Gemische nicht vermieden werden kann, ist die beste Methode, Gefahren durch statische Elektrizität zu vermeiden, das Entstehen elektrostatischer Aufladungen zu verhindern. Hierfür gibt es eine ganze Reihe von Möglichkeiten, die sich aber nicht überall anwenden lassen. So entfällt beispielsweise die Anwendung von Feuchtigkeit bei Trocknungsvorrichtungen oder hydrophoben Oberflächen oder auch die Erhöhung der elektrischen Leitfähigkeit eines Stoffes, wenn von der Verwendung her ein extrem hoher elektrischer Widerstand als Materialeigenschaft verlangt wird. Entsprechendes gilt für die Herabsetzung der Arbeitsgeschwindigkeit.

Die Hinweise dafür, welche Maßnahmen zur Verhinderung elektrostatischer Aufladungen überhaupt geeignet sind, ergeben sich bereits aus der Diskussion der Einflußgrößen für die Höhe der Aufladung in Abschnitt 1.3.2.
Hiernach kommen in Betracht

> Elektrostatisches Erden sämtlicher elektrisch leitenden Teile,
> Erhöhung der elektrischen Leitfähigkeit der Stoffe,
> Erhöhung der Oberflächenleitfähigkeit durch Vergrößerung der relativen Luftfeuchtigkeit im Raum oder Oberflächenbehandlung,
> Erhöhung der elektrischen Leitfähigkeit der Luft,
> relativ kleine Arbeitsgeschwindigkeiten,
> geeignete Wahl der Kontaktpartner,
> geeignete Wahl der Temperaturen an den Berührungsstellen von Kontaktpartnern.

Verhinderung und Ableitung statischer Elektrizität 71

Welche Maßnahme anwendbar ist und den meisten Erfolg verspricht, hängt zu sehr von den Bedingungen des Einzelfalles ab, als daß spezielle Empfehlungen gegeben werden können. Häufig kann man durch Kombination mehrerer Maßnahmen, welche jede für sich nur unvollkommen durchführbar sind, zum Ziel kommen.

3.2.2. Erdung und Energieabschätzung

Eine unbedingt notwendige, stets wirksame und meistens ausreichende Maßnahme ist die zuverlässige Erdung aller elektrisch leitfähigen Teile einer Anlage.

Auch in [1] ist als erste Maßnahme zur Ableitung elektrostatischer Aufladungen „Elektrostatisches Erden aller leitenden Teile" angegeben. Hiernach gilt als ausreichend ein Widerstand, der auch unter ungünstigen Bedingungen 1 Megohm nicht überschreitet.

Nach 4.3.1 in [1] reichen z.B. Widerstände bis 10^8 Ohm aus, wenn die Kapazität weniger als 100 pF beträgt. Bei dieser Angabe wird von zehn Millisekunden als Zeitkonstante ausgegangen. Vergleiche Regel 4. Die genannten Werte gelten für die ungünstigsten Bedingungen.

Das Kriterium für die Beurteilung im Einzelfall ist das Erreichen der Mindestzündenergie. Da sämtliche Maßnahmen gegen statische Elektrizität als Zündursache darauf abzielen, Ladungsansammlungen in gefahrdrohender Menge zu verhindern, wird zunächst ein Verfahren für die Beurteilung von Ladungsansammlungen auf deren Gefährlichkeit beschrieben: Nach (29) stellt sich das Spannungsgleichgewicht eines isolierten Leiters auf $U_c = J_L \cdot R_E$ ein. Mit U_c kann nach (18) der Energieinhalt des geladenen Leiters berechnet werden. Setzt man in (18) $U_c = J_L \cdot R_E$, dann ergibt sich $W = 0{,}5 \, C \, (J_L \cdot R_E)^2$.

Soll der Energieinhalt genügend sicher unter der Mindestzündenergie des brennbaren Gemisches der Umgebung bleiben, wird man als zulässig zum Beispiel $W_{max} = 1/10$ Mindestzündenergie setzen. Nach einfacher Umformung erhält man unter dieser Voraussetzung

$$R_{E_{max}} = \frac{1}{I_{L_{max}}} \sqrt{\frac{\text{Mindestzündenergie}}{5\,C}} \qquad (34)$$

Aus dieser Beziehung läßt sich der zulässige maximale Ableitwiderstand für eine gegebene Anordnung der Kapazität C aus der Kenntnis des Ladestroms und der

Mindestzündenergie des betreffenden Gemisches berechnen. Anwendungsbeispiele sind in den nächsten Abschnitten zu finden.

Voraussetzung für Anwendung der Beziehung (34) ist ausreichend sichere Abschätzung oder Messung des maximalen Ladestroms. Im Zweifel Regel 4 anwenden.

3.2.3. Physikalische Methoden und Geräte

Von den Maßnahmen zur Verhinderung von Aufladungen sind alle die auch zur Ableitung entstandener Aufladungen geeignet, welche auf der Erhöhung der Leitfähigkeit der Stoffe, der ihrer Oberflächen oder der der Luft beruhen.

Die Erhöhung der Leitfähigkeit der Stoffe ist die sicherste und die einzige über längere Zeit und manchmal dauernd wirksame Maßnahme und sollte überall da angewandt werden, wo dies aus technischen, gesundheitlichen oder wirtschaftlichen Gründen möglich ist. Als Beispiel sei erwähnt, daß man durch Kombination von Zusätzen die Leitfähigkeit von Benzinen nach [11] bereits durch Mengen von wenigen Gramm pro Kubikmeter ausreichend erhöhen kann. Weitere Beispiele für diese Möglichkeit sind die Herabsetzung des spezifischen Widerstandes von Gummi durch Zusätze von leitfähigem Ruß für die Herstellung leitfähiger Bereifungen, Schläuche und Riemen und die Herabsetzung des Erdableiterwiderstandes von Asphalt- und Kunststoff-Fußböden durch Zusätze von Ruß, Koks, Graphit oder anderen Stoffen so, daß diese Fußböden zur Verwendung in exgefährdeten Räumen geeignet sind. Durch Entmischung und Abreißen von Leitfähigkeitsbrücken können derartige Zusätze allmählich unwirksam werden.

Die Oberflächenleitfähigkeit kann durch hohe relative Luftfeuchtigkeit oder Oberflächenbehandlung vergrößert werden. Die Wirksamkeit dieser Maßnahmen beruht auf der Bildung elektrolytisch leitfähiger Filme durch Feuchtigkeitsniederschlag auf der Oberfläche der Stoffe. Diese Verfahren versprechen den meisten Erfolg, wenn der ganze Betrieb einschließlich der Lagerräume voll klimatisiert ist, damit die Feuchtigkeit genügend Zeit hat einzuwirken.

Örtliche Maßnahmen sind vor allem bei hohen Geschwindigkeiten häufig unwirksam, da die Erhöhung der Oberflächenleitfähigkeit nicht schnell genug erfolgen kann.

Der notwendige Wasserdampfgehalt der Luft hängt sehr von den betrieblichen Verhältnissen und den Oberflächeneigenschaften der zu beeinflussenden

Stoffe (zum Beispiel Temperatur, Rauhigkeit, ob hydrophil oder hydrophob, sauber oder „verschmutzt") ab. Im allgemeinen reichen 60% relative Luftfeuchtigkeit aus.

Die Oberflächenbehandlung erfolgt zum Beispiel durch die Anwendung sogenannter antistatischer Präparationen. Hierfür werden Wasch-, Färbe-, Gleit-, Imprägnier- oder Pflegemitteln Zusätze beigefügt, welche die Oberflächenleitfähigkeit durch Aufbringen einer leitfähigen oder hygroskopischen Schicht direkt oder indirekt erhöhen. Zu dieser Art von Maßnahmen gehören beispielsweise auch das Bestreichen oder Besprühen von Treibriemen oder Fußböden mit einer Glyzerin-Wasser-Mischung im Verhältnis 1 : 1 und das Abreiben mit Antistatik-Tüchern.

Die auf diese Weise aufgebrachten Schichten sind meist wasserlöslich und im allgemeinen nicht abriebfest. Die Behandlung muß daher je nach den Verhältnissen von Zeit zu Zeit wiederholt werden.

Die Wirksamkeit ist von einer Mindestfeuchte der Raumluft abhängig. Die relative Luftfeuchtigkeit kann aber beträchtlich unter der ohne Behandlung notwendigen liegen.

Die Ableitung von Ladungen kann auch berührungslos über die Luft erfolgen, wenn diese durch Ionisation leitfähig gemacht wird. Die Ionisierung kann durch Anwendung ionisierender Strahlung, durch Hochspannungs-Sprühelektroden oder geerdete Spitzen erfolgen.

Ionisierende Strahlen sind Ultraviolett- und Röntgenstrahlen und Alpha-, Beta- und Gammastrahlen.

Die Wirksamkeit von Ultraviolett- und Röntgenstrahlen ist so gering, daß diese für die Praxis nicht geeignet sind. An sich brauchbare Strahler sind Alphaquellen (zur Beseitigung von Flächenladungen) und Betaquellen zur Beseitigung von flächenhaft oder auch räumlich verteilten Ladungen.

Um ausreichende Wirkungen zu erzielen, braucht man aber — vor allem bei hohen Geschwindigkeiten — relativ starke Präparate. Die Verwendung ist mit Rücksicht auf die Strahlenschutzbestimmungen genehmigungspflichtig. Wegen der durch unsachgemäßen Umgang mit strahlenden Präparaten möglichen Gefahren wird die Erteilung von Genehmigungen nach sehr strengen Maßstäben gehandhabt. Die Anwendung dieses Verfahrens ist daher zur Zeit auf besonders gelagerte Einzelfälle beschränkt.

Die Wirksamkeit von Hochspannungs-Sprühelektroden beruht auf der ionisierenden Wirkung von Korona-Entladungen, welche aus Spitzen, Drähten, Schneiden oder Kanten unter der Wirkung eines starken elektrischen Feldes

74   *3. Ausschaltung statischer Elektrizität als Gefahrenquelle*

austreten. Solche Felder werden dadurch erzeugt, daß eine Hochspannungsquelle (zum Beispiel ein Transformator) eine Spannung von etwa 6 kV liefert, welche über ein Kabel einem Sprühstab zugeführt wird. Dieser besteht aus einem Isolierstab mit 2 Elektroden, von denen eine auf Hochspannungspotential und die andere auf Erdpotential liegen. Die Hochspannungselektrode ist meist als Spitzenreihe oder dünner Draht ausgebildet. (Abb. 18 und 19).

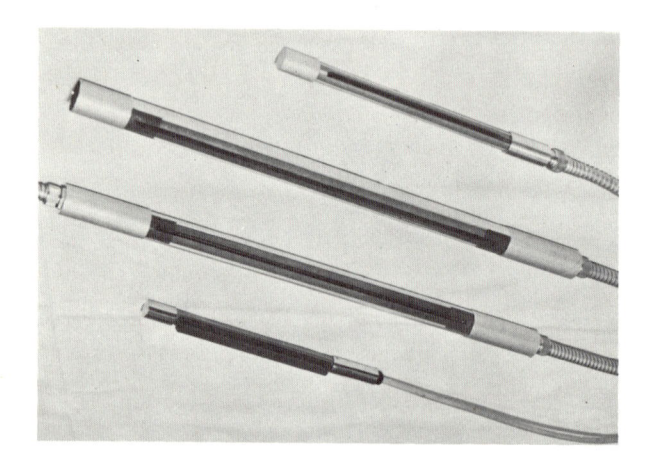

Abb. 18.
Sprühstäbe

Abb. 19.
Hochspannungs-
versorgung für
Sprühstäbe.

Die Stäbe werden in einigen Zentimetern Entfernung parallel zur Oberfläche des zu entladenden Gutes angeordnet. In Normalausführung sind diese Geräte zur Verwendung in explosionsgefährdeten Bereichen nicht geeignet. Explosionsgeschützte Ausführungen lassen sich zum Beispiel mittels Fremdbelüftung erreichen; sie müssen als elektrische Betriebsmittel nach Prüfung durch die Physikalisch-Technische-Bundesanstalt (oder für den Bergbau durch die Berggewerbschaftliche Versuchsstrecke Dortmund-Derne) von der zuständigen Landesbehörde zugelassen werden.

Die ionisierende Wirkung von Spitzen setzt auch ohne zusätzliche Hochspannungsquelle ein, wenn das von einer Aufladung ausgehende Feld stark genug ist. Solche geerdeten Spitzenreihen sind also erst von einer Mindestfeldstärke an wirksam, wobei die Wirksamkeit mit der Feldstärke sehr stark zunimmt. Nach den bisherigen Erfahrungen setzt ein Ladungsausgleich bereits bei relativ großen Abständen (einige dm) von der Oberfläche stark elektrisch aufgeladener Nichtleiter ein, ohne daß zündwilligstes Wasserstoff-Luft-Gemisch gezündet wird. Diese Eigenschaft läßt eine solche Anordnung für die Verwendung in explosionsgefährdeten Bereichen prädestiniert erscheinen, da Zündgefahren erst von einer Mindestladungshöhe an vorhanden sind, die Wirksamkeit der Spitzen aber bereits weit unterhalb der kritischen Ladungshöhe einsetzt. Die Sicherheit wird erhöht, wenn die Spitzenreihen fremdbelüftet werden. Derartige, von der Physikalisch-Technischen Bundesanstalt geprüften Geräte werden serienmäßig hergestellt. (Abb. 20).

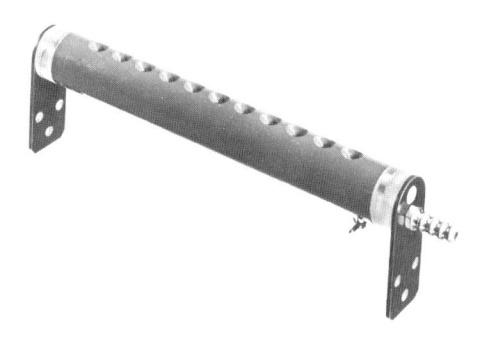

Abb. 20. Belüfteter geerdeter Spitzenionisator der Fa. Eltex-Elektronik GmbH.

Die Spitzenwirkung wird auch zur Ableitung elektrostatischer Aufladungen von Flüssigkeiten ausgenutzt. Diesem Zwecke dient der Static Charge Reducer (SCR). Er besteht aus einem 1000 mm langen Rohrstück aus Stahl, an dessen Innenfläche sich ein Polyäthylen-Zylinder mit 50 mm Wandstärke anschmiegt. Über Umfang und Länge verteilt sind nach innen gerichtete Metallspitzen angeordnet,

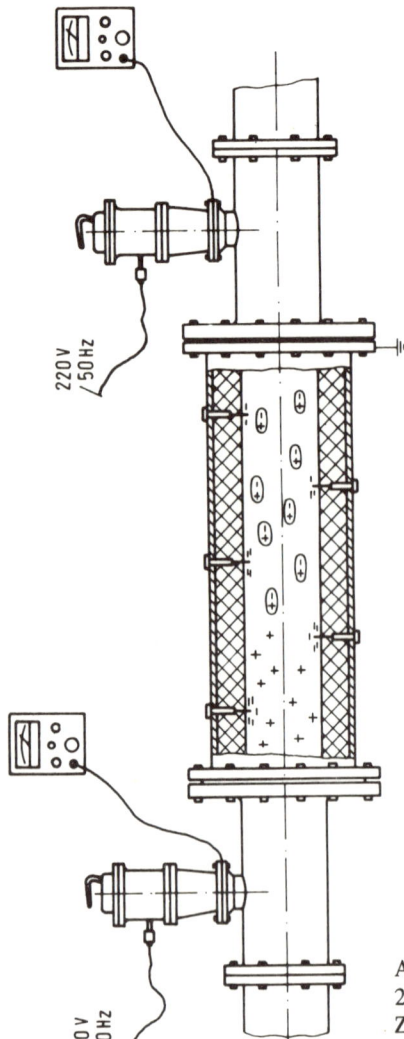

76 3. Ausschaltung statischer Elektrizität als Gefahrenquelle

Abb. 21. Static Charge Reducer (SCR) mit 2 Geräten zur Messung der Raumladungsdichte im Zuge einer Rohrleitung (A. O. Smith; Schematische Darstellung).

die mit dem geerdeten Stahlrohr verbunden sind und etwa 10 mm in die Flüssigkeit hineinragen, die durch das Rohrstück strömt. Durch die Anwesenheit des Polyäthylen-Zylinders wird die Feldstärke an den Spitzen so stark vergrößert, daß deren Wirksamkeit bereits bei relativ kleinen Raumladungsdichten einsetzt. Näheres z.B. [39] S. 316 ff. In Verbindung mit Geräten zur Messung der Ladungsdichte vor und nach dem SCR können dessen Wirksamkeit geprüft und die Umfüllgeschwindigkeit für brennbare Flüssigkeiten u.U. erheblich vergrößert werden.

Die Gefährlichkeit geladener Staub- oder Nebelwolken nimmt mit deren Ausdehnung zu. Als Abhilfe wird die entsprechende Unterteilung zu großer Räume durch geerdete Siebe, Gitter, Seile oder Stäbe empfohlen. Näheres hierüber 5.4 in [1] und [21].

3.3. Regeln für die Behandlung statischer Elektrizität als Gefahr

Zahlreiche, zum Teil schwere, Explosionsunglücke werden auf Zündung explosibler Gemische durch statische Elektrizität zurückgeführt. Der Grad der Wahrscheinlichkeit für die Ermittlung der wahren Zündursache reicht dabei von vagen Vermutungen bis zur Gewißheit. Die Erfahrungen lassen sich um so besser verwerten, je exakter die Umstände geschildert werden, die zur Zündung geführt haben.

Die genaue Erfassung und richtige Beurteilung der maßgeblichen Einflußgrößen setzt aber gerade im Zusammenhang mit statischer Elektrizität als möglicher Zünd- oder Störursache gründliche Kenntnisse der Zusammenhänge voraus. Die Beurteilung ist deshalb so schwierig, weil Auflagerungen die unter den Umständen zur Zeit der Untersuchung als harmlos zu betrachten sind, durch die verschiedenen Möglichkeiten der Änderung der Verhältnisse allmählich oder plötzlich gefährlichen Charakter gehabt haben oder annehmen können.

Im folgenden werden einige Regeln angegeben, die als Grundlage für die Beurteilung der Betriebsverhältnisse, zur Durchführung prophylaktischer Maßnahmen und als Leitsätze bei der nachträglichen Ermittlung der Ursache einer Zündung dienen können.

Regel 1. Statische Elektrizität kann grundsätzlich überall da zur Gefahr werden, wo Verordnungen oder Bestimmungen über die Errichtung elektrischer Anlagen in explosionsgefährdeten Betriebsstätten anzuwenden oder in Sondervorschriften bestimmte Betriebsräume als explosionsgefährdet festgelegt sind.

3. Ausschaltung statischer Elektrizität als Gefahrenquelle

Erläuterung. Die wichtigsten Grundlagen liefern die VDE-Vorschriften [8], die Verordnung über elektrische Anlagen in explosionsgefährdeten Räumen [9] und Sondervorschriften wie zum Beispiel Acetylen-Verordnung, Verordnung über brennbare Flüssigkeiten (VbF), Unfallverhütungsvorschriften „Kälteanlagen", Farbspritzen, Tauchen und Anstricharbeiten, „Gaswerke", Herstellung von Lacken und Anstrichmitteln, „Herstellung von Schuhcreme, Bohnerwachs und ähnlichen Erzeugnissen", die zum Beispiel in [10] zitiert sind.

Mit Rücksicht darauf, daß Ladungsmengen zum Beispiel durch Menschen oder mit Behältern verschleppt werden können, sind Beschränkungen auf eine Gefahrzone (oder Anwendung der Ausnahmebestimmungen von VDE 0165), ohne daß es in der Vorschrift erwähnt ist, oder ohne besondere Ausnahmegenehmigung nicht zulässig und eigentlich noch weitergehende Vorsichtsmaßnahmen notwendig. Zündungen können zum Beispiel durch unkontrollierbare Schwadenbildungen an unvermuteten Stellen erfolgen.

Regel 2. Wenn überhaupt elektrostatische Aufladungen in explosionsgefährdeten Bereichen auftreten, dann muß durch geeignete Maßnahmen dafür gesorgt werden, daß auch bei möglichen Änderungen der Verhältnisse die Aufladungen nicht unzulässig hoch werden.

Erläuterung. Derartige Änderungen der Verhältnisse sind zum Beispiel Änderung der Leitfähigkeit, der Geschwindigkeit, der Kontaktpartner, der Temperaturverhältnisse, der geometrischen Verhältnisse und der relativen Luftfeuchtigkeit.

Regel 3. Die Bekämpfung statischer Elektrizität darf nicht zur Ursache neuer Gefahren durch die dabei verwendeten Geräte und Methoden werden. Dies ist auch zu beachten, wenn die Maßnahmen nicht zur Beseitigung von Gefahren sondern gegen betriebliche Störungen getroffen werden.

Erläuterung. Wie bereits unter 3.2 ausgeführt wurde, dürfen für diesen Zweck in explosionsgefährdeten Bereichen nur von der PTB geprüfte und von den zuständigen Behörden zugelassene Geräte verwendet werden. Dies gilt auch dann, wenn es sich hierbei nicht um elektrische Betriebsmittel handelt. Besondere Vorsicht ist geboten, wenn stellenweise mit erhöhter Leitfähigkeit gerechnet werden muß, wie zum Beispiel durch örtlichen Feuchtigkeitsniederschlag oder beim Bedrucken von Plakaten, Folien, Tapeten mit Metallfarben. Als „leitfähig" sind dabei nach 2.4 in [1] bereits Oberflächen zu betrachten, deren Widerstand nach VDE 0303, Teil 3, § 14 kleiner als 10^7 Ohm ist. Auch die Geschwindigkeit der Vorgänge kann die Verwendbarkeit einschränken.

Regel 4. Sämtliche leitfähigen Teile sind zuverlässig zu erden. Dabei ist zu beachten, daß sich nichtmetallische (elektrostatische) Ableitwiderstände unter dem Einfluß von Feuchtigkeit und Verschmutzungen um mehrere Größenordnungen ändern können. Die Erdung ist in sinngemäßer Anwendung von VDE 0165 zu überwachen.

Erläuterung. Der Bemessung des Ableitwiderstandes in explosionsgefährdeten Bereichen wird nach 2.10 in [1] eine Zeitkonstante von zehn Millisekunden zugrunde gelegt. Dann ergeben sich zum Beispiel folgende Werte:

Kapazität	10	100	1000	pF
Widerstand	10^9	10^8	10^7	Ohm als Maximalwerte.

Grundlage für die Entscheidung im Einzelfall ist, ob die jeweilige Mindestzündenergie des Gemisches erreicht werden kann.

Der Forderung nach regelmäßiger Prüfung wird im allgemeinen Genüge getan werden, wenn diese alle drei Jahre durchgeführt wird, wobei aber die Regeln 2, 6 und 7 zu beachten sind.

Regel 5. Erst gesondert erden oder eine leitfähige Verbindung zwischen den Behältern schaffen, dann umfüllen.

Erläuterung. Auf isolierten Leitern großer Kapazität können sich beim Umfüllen in Sekundenschnelle gefährlich hohe Ladungsmengen ansammeln. Nachträgliche Erdung während des Umfüllens (auch unabsichtlich zum Beispiel durch Nähern eines Menschen) kann leicht zu folgenschweren Zündungen führen. Große Kapazität haben zum Beispiel nichtgeerdete Tankwagen und Flugzeuge. Aber auch bei Behältern in der Größe von Fässern oder Eimern ist die strikte Einhaltung der Regel bereits notwendig.

Es erhöht die Sicherheit, wenn die Zuverlässigkeit der Erdverbindung, vor allem bei Verwendung häufig anzuklemmender Erdungszangen, kontrolliert wird. Diese Möglichkeit ist zum Beispiel bei dem Eltex-elektrostatischen Erdungsgerät gegeben, das aus einer Erdungszange und einem Steuergerät besteht.

Die Klemmbacken der Erdungszange sind als Schließkontakte eines eigensicheren Kontrollstromkreises ausgebildet. Das Steuergerät kann in verschiedener Weise Sicherheitsvorkehrungen steuern.

Regel 6. Der Ableitwiderstand von Fußböden in gefährdeten Bereichen ist regelmäßig auf Einhaltung der jeweils zulässigen Höchstwerte zu kontrollieren, wenn

3. Ausschaltung statischer Elektrizität als Gefahrenquelle

im ganzen oder stellenweise mit dem Aufbringen isolierender Fremdschichten zu rechnen ist.

Erläuterung. Derartige Fremdschichten sind zum Beispiel Pflegemittel, Lackreste, Gummilösung oder isolierende Stäube. Es ist weiter besonders darauf zu achten, daß keine Folien aus Isolierstoff als Fußbodenschutz gegen Lacke, Farben usw. oder Matten, Läufer oder dergleichen mit ungenügender elektrischer Leitfähigkeit ausgelegt werden.

Das Entstehen zusammenhängender isolierender Fremdschichten kann zum Beispiel auch durch leitfähige Gitterroste auf dem Fußboden verhindert werden. Dabei muß aber darauf geachtet werden, daß sich nicht etwa brennbare Flüssigkeiten in gefahrdrohender Menge innerhalb der Roste ansammeln können.

Regel 7. Es muß darauf geachtet werden, daß sämtliche Personen, die ex-gefährdete Bereiche betreten, stets leitfähige Fußbekleidung tragen, und die Erdverbindung nicht etwa durch isolierende Schichten unterbrochen ist.

Erläuterung. Die Erdverbindung wird zum Beispiel auch durch Sitzen auf lackierten Schemeln oder Stühlen mit isolierendem Stoffbezug unterbrochen. Hierbei werden Personen häufig sehr stark aufgeladen. Vor dem Betreten explosionsgefährdeter Bereiche sollte mindestens stichprobenweise geprüft werden, ob die Leitfähigkeit zwischen Hand (evt. mit Handschuhen) und Erde über

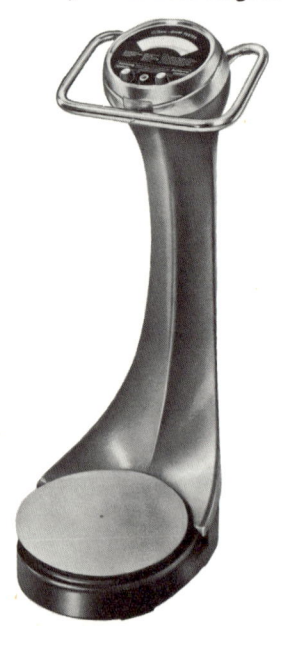

Abb. 22. Eltex Ohm-Tester zur Prüfung des Erdableiterwiderstandes von Personen.

die Fußbekleidung ausreicht. Ein geeignetes Gerät ist zum Beispiel der Eltex Ohm-Tester gemäß Abb. 22.

Außerhalb ex-gefährdeter Bereiche genügt es, wenn der Gesamtableitwiderstand zwischen Mensch und Erde unter 10^{10} Ohm liegt, um Fehlhandlungen durch Schockwirkungen und lästige Schläge als Folge von Personenaufladungen zu verhindern. Vergl. 2.3.8.1.

Regel 8. In explosionsgefährdeten Bereichen muß sorgfältig darauf geachtet werden, daß keine zündfähigen Entladungsvorgänge durch Feldverzerrungen eingeleitet werden.

Erläuterung. Feldverzerrungen entstehen zum Beispiel durch Rohrstutzen oder sonst hervorstehende Teile, beim Probenehmen oder beim Hantieren mit oder ohne Werkzeug in der Nähe geladener Folien, die einen Kanal durchlaufen. Große Feldstärken können zum Beispiel auch an gekrümmten Elektroden am Rande ausgedehnter aufgeladener Staub- oder Nebelwolken, in der Nähe von Flüssigkeitsstrahlen oder Staub- und Nebelströmen entstehen. Große Räume sollen deshalb durch geerdete Gitter in geeigneten Abständen unterteilt werden.

Auch bei Messungen in explosionsgefährdeten Bereichen ist besondere Vorsicht geboten. Das Einbringen von Meßgeräten kann durch Feldverzerrungen auch dann zur Ursache einer Zündung werden, wenn die Geräte selbst explosionsgeschützt sind.

Regel 9. In explosionsgefährdeten Bereichen sollte die gleichzeitige Verwendung von Armaturen und Geräten aus Metall und Isolierstoff, speziell Kunststoff, möglichst vermieden werden. Wann vom Sicherheitsstandpunkt aus Metall oder Kunststoff besser einzusetzen ist, muß von Fall zu Fall beurteilt werden.

Erläuterung. Bei der Beurteilung von Gefahren durch elektrostatische Aufladungen muß davon ausgegangen werden, daß auch Ladungen auf Isolierstoffen zu Zündungen führen können. Die Entscheidung, ob durch die Verwendung von Gegenständen aus Kunststoff wie Behältern, Kannen, Eimern, Kanistern, Rohrleitungen, Schläuchen und dergl. die Gefahren erhöht oder vermindert werden, ist außerordentlich schwierig und nicht allgemein zu treffen.

Die Entscheidung wäre einfacher, wenn man davon ausgehen könnte, daß sämtliche leitfähigen Körper (auch die Menschen) stets zuverlässig geerdet wären. Erfahrungsgemäß läßt sich aber die Anwesenheit vor allem beweglicher isolierter Leiter nicht mit genügender Sicherheit ausschließen. Diese sind aber in jedem Falle gefährlicher als evtl. aufgeladene Nichtleiter.

Gefahren bergen besonders gewisse Kombinationen zwischen Isolierstoff und Metall wie zum Beispiel Kunststoffeimer mit Metalldeckel oder Kunststoffbehälter, die über nichtgeerdete Metalltrichter gefüllt werden.

Regel 10. Statische Elektrizität sollte als vermutliche Zündursache nur mit möglichst genauer Begründung angegeben werden.

Erläuterung. In Berichten über unaufgeklärte Brände oder Explosionen wird immer wieder statische Elektrizität als vermutliche Ursache angegeben. Die einzige Begründung hierfür ist häufig, daß andere Zündquellen nicht gefunden werden konnten. Die Ermittlung der wahren Zündursache ist aber von großer Wichtigkeit für die Wahl der richtigen vorbeugenden Maßnahmen — auch der zuständigen Sicherheitsbehörden — gegen Wiederholungen derartiger Vorfälle. Im Interesse aller Beteiligten sollten die Umstände, welche zu der Vermutung führten, exakt und ausführlich geschildert werden.

So kann beispielsweise eine zufällige Häufung von Umständen eingetreten sein, die das Entstehen extrem hoher Aufladungen besonders begünstigen. Andererseits kann eine sorgfältige Prüfung aber zu dem Ergebnis führen, daß die Bedingungen für eine Zündung durch statische Elektrizität nicht vorhanden waren. Begnügt man sich mit vagen Vermutungen, dann kann die wahre Zündursache leicht unerkannt bleiben. Besonders sorgfältig muß geprüft werden, ob entgegen allen Behauptungen nicht doch ein isolierter Leiter beteiligt war.

4. Beurteilung und Beseitigung statischer Elektrizität als Gefahr
— Beispiele aus der Praxis —

In diesem Kapitel werden an praktischen Beispielen für die verschiedensten Probleme die Untersuchungsmethoden erläutert, Hinweise für die Gefahrenbeurteilung gegeben und Möglichkeiten für Schutzmaßnahmen im Einzelfall aufgezeigt.

Dort, wo es nötig oder zweckmäßig erscheint, wird auf die Richtlinien, den vorangegangenen Teil (vor allem auf die Formeln und Regeln) oder andere Unterlagen wie Literaturquellen, Vorschriften usw. verwiesen.

Für die Beispiele wurden zwar Erfahrungen aus der Praxis verwertet, die Angaben lassen aber keine Rückschlüsse auf die Verhältnisse eines bestimmten Betriebes zu.

4.1. Untersuchungen auf allgemeine Maßnahmen gegen statische Elektrizität

4.1.1. Allgemeine Gesichtspunkte nach 3.1 und den Richtlinien [1]

Um Wiederholungen zu vermeiden, seien die Punkte zusammengestellt, welche bei jeder Untersuchung berücksichtigt werden müssen:

1. Prüfung der Voraussetzungen nach 3.1. und Regel 1.
2. Prüfung, ob nicht etwa durch die Untersuchung (das Einbringen von Meßgeräten) eine akute Gefahr entsteht. (Erläuterung zu Regel 8).
3. Erfassung möglichst sämtlicher Größen, welche die Höhe der Aufladung beeinflussen können, wie diese unter 1.3 angegeben sind (siehe auch Regel 2).
4. Richtige Auswahl der Maßnahmen gegen statische Elektrizität nach 3.2.1. (Regeln 3, 4, 5, 6, 7, 8 und 9).

4.1.2. Beispiele 1 - 2: Erdung fester Anlagen, Geräte und Armaturen

Wenn leitfähige Anlageteile untereinander und mit Erde fest über eine vorschriftsmäßige Starkstrom- oder Blitzableiter-Erdleitung verbunden sind, dann ist diese Erdung in jedem Falle auch zur Ableitung elektrostatischer Aufladungen ausreichend. Bei ordnungsgemäßigem Zustand ist eine Prüfung auf ausreichende Ableitfähigkeit nicht erforderlich.

Die Erdung muß dagegen geprüft werden, wenn die Anlageteile nicht metallisch untereinander und mit Erde verbunden und elektrische Betriebsmittel entweder nicht vorhanden oder über abtrennbare Leitungen (zum Beispiel Steckdosen) an Erde angeschlossen sind.

Beispiel 1. Untersuchungen am Farbkasten einer Rotationsdruckmaschine.

Beim Hantieren am Druckwerk einer Rotationsmaschine waren mehrfach Brände aufgetreten. Als Ursache wurde die Zündung brennbarer Lösemitteldampf-Luftgemische in der Nähe des Farbkastens durch Funken zwischen aufgeladenen Menschen und Metallteilen der Maschine ermittelt. Es wurde daher zunächst dafür gesorgt, daß die im Raum beschäftigten Personen stets zuverlässig geerdet waren (Regeln 6 und 7).

Um sicher zu gehen, soll untersucht werden, ob nach Durchführung dieser Maßnahme noch Aufladungen vorhanden sind, die zur Zündquelle werden können. Mit Hilfe eines Feldstärkemeßgerätes wird festgestellt, daß der Farbkasten stark aufgeladen ist. Daraufhin sagt der Mann an der Maschine aus, daß er gelegentlich Funken zwischen Farbkastendeckel und Maschinengestell gesehen hat. Weitere Beobachtungen bestätigen die Richtigkeit der Aussage.

Der Farbkasten sitzt auf einer Welle, die Farbe wird über einen Gummischlauch zugeführt. Die Aufladung des Kastens wird in diesem Falle dadurch ermöglicht, daß während des Laufens der Maschine die leitfähige Verbindung zwischen Welle und Kasten durch den Ölfilm unterbrochen ist, womit im allgemeinen nicht gerechnet werden muß.

Der Kasten wird über eine Kupferlitze mit dem Maschinengestell verbunden. Eine nochmalige meßtechnische Kontrolle ergibt, daß der lose aufgelegte Metalldeckel trotzdem aufgeladen ist. Deckel und Kasten sind durch eingetrocknete Farbe gegeneinander isoliert.

Während des Betriebes muß der Deckel abgenommen und am Druckwerk hantiert werden können. Die Anwesenheit brennbarer Lösemitteldampf-Luftgemische läßt sich dabei nicht mit Sicherheit vermeiden, so daß auch bei relativ geringer Aufladung des Deckels mit zündfähigem Ladungsausgleich zwischen Deckel und Maschine oder Deckel und Mensch im Bereich zündfähiger Gemische gerechnet werden muß.

Eine Erdung des Deckels über eine Litze bzw. angeklemmte oder gesteckte Leitung oder über einen Haftmagneten wird vom Betrieb abgelehnt, da das Arbeiten erschwert wird.

Stattdessen wird vorgeschlagen, den Metalldeckel durch einen Kunststoffdeckel zu ersetzen. Durch diese Maßnahme wird die Zündgefahr erheblich vermindert aber nicht mit Sicherheit ausgeschaltet, da infolge Feldverzerrungen zwischen dem aufgeladenen Deckel und zum Beispiel einem Werkzeug mit der Möglichkeit zündfähiger Büschelentladungen gerechnet werden muß. Sicherer ist es, zwischen Deckel und Farbkasten eine Führung zu schaffen, durch welche eine metallische Verbindung zwischen Deckel und Kasten erreicht wird und etwaige Farbansätze abgerieben werden.

Geeignete zusätzliche Sicherheitsmaßnahmen sind die Erdung der Achse und die Farbzuführung über leitfähige Schläuche.

Beispiel 2. Prüfung eines Bunkers auf ausreichende elektrostatische Erdung.

Aus einem Bunker von ca. 10 m^3 Inhalt soll Stärke in Säcke abgefüllt werden. Der Bunker ist an einem Gestell befestigt, das auf dem Betonfußboden des Raumes verankert ist. Das Abfüllen erfolgt von Hand durch Betätigen eines Schiebers. Es soll geprüft werden, ob die elektrostatische Erdung über den Fußboden ausreicht.

Der Untersuchung wird Regel 4 zugrundegelegt. Hiernach sind zu ermitteln die Zeitkonstante aus Ableitwiderstand und Kapazität und die Mindestzündenergie des Staubes.

Zuerst wird kontrolliert, daß sämtliche Metallteile untereinander leitfähig verbunden sind. Anschließend wird der Widerstand zwischen Gestell und Erde nach einem der unter 2.3.5 angegebenen Verfahren gemessen. Als Erdleitung wird ein fliegend verlegtes längeres Kabel zu dem nächsten Wasserleitungsrohr verwendet. Der Widerstand beträgt 10^7 Ohm.

Die Kapazität der Anlage kann nur aus Vergleichswerten abgeschätzt werden. Die Abschätzung ergibt 1000 pF. Sicherheitshalber wird mit 1200 pF gerechnet.

Die Zeitkonstante berechnet sich nach (24) zu τ = 12 Millisec. Der Tabelle 2 des Anhangs 3 in [1] wird als Mindestzündenergie für Kartoffel- und Weizenstärke 20 mWs entnommen.

Das aufgeladene System darf höchstens 1/10 der Mindestzündenergie erreichen. Aus (18) errechnet man, W_{max} = 2 mWs gesetzt, die zulässige Spannung $U_{max} \approx$ 1300 V.

Der Bunker wird stetig über eine Rohrleitung aus Isolierstoff befüllt. Während des Betriebes werden mit einem elektrostatischen Voltmeter (siehe 2.3.1) Spannungen zwischen Bunker und Erde von maximal 120 V gemessen.

Die elektrostatische Erdung ist ausreichend, solange die Betriebsverhältnisse nicht geändert werden. Sollte die Absicht bestehen, die Füllgeschwindigkeit zu verdoppeln, dann müßte schätzungsweise mit mindestens dem dreifachen Ladestrom gerechnet werden.

Der Ladestrom beträgt $J_L = U_C/R_E$ = 120 V/10^7 Ohm = 12 · 10^{-6} A. Nach (34) wird R_{Emax} = 3 · 10^8 Ohm.

Bei Verdreifachung des Ladestroms durch Verdopplung der Geschwindigkeit wird R_{Emax} = 1 · 10^8 Ohm.

Auch bei Verdopplung der Geschwindigkeit braucht die Erdung nicht verbessert zu werden.

Die Verhältnisse wären anders zu beurteilen, wenn mit der Anwesenheit brennbarer Gase oder Dämpfe gerechnet werden müßte. Bei einer Mindestzündenergie von zum Beispiel 0,2 mWs wäre für J_L = 12 µA nach (34) R_{Emax} = 1,5 · 10^7 Ohm und für 3 J_L nur noch 5 Megohm.

4.1.3. Beispiele 3 - 4: Fußboden

Beispiel 3. Beurteilung eines Fußbodens auf ausreichende Ableitfähigkeit.

In einem Betriebsraum, der mit einem Spachtelfußboden ausgelegt ist, werden an Menschen, welche an einem Kalander hantieren, Aufladungen bis zu 1200 V gemessen. Mit der Anwesenheit brennbarer Lösemitteldampf-Luftgemische in der Nähe der Maschine ist gelegentlich zu rechnen. Es soll untersucht werden, ob Zündgefahren durch statische Elektrizität bestehen, und wie hoch der Widerstand des Fußbodens maximal sein darf, um Zündgefahren sicher auszuschließen.

Der Widerstand des Fußbodens wird nach DIN 51 953 gemessen (siehe 2.3.8.1) und liegt ziemlich gleichmäßig bei 10^8 Ohm. Hiernach beträgt der Ladestrom $J_L = U_C/R_E$ = 12 µA.

Die Mindestzündenergie des Lösemitteldampfes beträgt 0,25 mWs. Der Energieinhalt des aufgeladenen Menschen beträgt nach (18) $W = 0{,}144$ mWs. Nach (34) darf $R_{max} = 4 \cdot 10^7$ Ohm sein.

Der Energieinhalt der aufgeladenen Menschen kann bei geringfügigen Änderungen der Verhältnisse die Mindestzündenergie des vorhandenen Gemisches überschreiten. Es ist zu empfehlen, entweder den Widerstand des Fußbodens durch Oberflächenbehandlung herabzusetzen oder besser in unmittelbarer Umgebung der Maschine ein genügend großes Erdungsblech oder einen geerdeten Gitterrost auf dem Fußboden auszulegen und darauf zu achten, daß die Menschen durchgehend leitfähige Fußbekleidung tragen.

Beispiel 4. Überwachung der Wirksamkeit von Oberflächenbehandlungen.

Im Bürogebäude eines Betriebes ist ein isolierender Fußboden verlegt worden. Beim Arbeiten an elektrischen Büromaschinen, beim Berühren der Zentralheizung, der Wasserleitung oder sonstiger leitfähiger Teile verspüren Personen immer wieder elektrische Schläge.

Als Ursache wird festgestellt, daß sich die Menschen durch Bewegungen beim Sitzen auf lackierten Schemeln und beim Begehen des Fußbodens aufladen.

Als Gegenmaßnahme ist beabsichtigt, den Fußboden durch Oberflächenbehandlung leitfähig zu machen und die Schemel mit einer elektrostatisch leitfähigen Oberfläche bis zum Fußboden hin zu versehen. Aus Kostengründen sollen die Zeitabstände für die antistatische Fußbodenbehandlung möglichst groß gehalten werden. Die Leitfähigkeit des Fußbodens soll zu diesem Zwecke zunächst regelmäßig stichprobenweise gemessen werden. Es soll ein oberer Grenzwert für den Widerstand gegen Erde festgelegt werden, bei dessen Überschreitung eine Nachbehandlung erfolgen soll.

Nach (27) beträgt die Entladezeit T_E eines aufgeladenen Körpers 5τ. Nimmt man an, daß eine Entladezeit von 1 Sekunde ausreichend ist, dann ergibt sich mit 100 pF für die Kapazität des Menschen aus (15) ein maximaler Widerstand von $2 \cdot 10^9$ Ohm. (Vergleiche auch Erläuterungen zu Regel 7).

4.1.4. Beispiele 5 - 7: Personen

Beispiel 5. Aufladung von Personen durch Influenz.

In einer Maschine werden Kunststoffplatten zu Tafeln von 1 x 2 m geschnitten und dabei sehr stark aufgeladen. Die Arbeiter, welche die Platten auf Transportwagen stapeln, klagen darüber, daß sie beim Berühren der Maschine oder der Transportwagen elektrische Schläge erhalten.

Durch Schockwirkungen infolge der zum Teil heftigen Schläge war es bereits mehrfach zu Fehlhandlungen und leichten Unfällen gekommen. Aus Sicherheitsgründen sollte die Ursache aufgeklärt und beseitigt werden.

Als eine der Ursachen wird festgestellt, daß der Fußboden zwar leitfähig ist, die Arbeiter aber auf einer isolierenden Schicht von Abfällen stehen, sich beim Hantieren mit den Platten aufladen und beim Berühren leitfähiger Teile entladen.

Außerdem war es häufig vorgekommen, daß Personen, welche in der Nähe der Maschine standen, ohne mit Material zu hantieren, beim Berühren der Maschine auch dann noch einen Schlag erhielten, wenn sie bereits vorher beim kurzen Berühren einen Schlag verspürt hatten. Sämtliche Untersuchungen der elektrischen Starkstromanlage einschließlich der Erdung hatten deren einwandfreien Zustand ergeben.

Mit einem gegen den Rücken einer Versuchsperson gerichteten Feldstärkemeßgerät wurde anschließend noch folgendes festgestellt:

Beim Stehen neben der laufenden Maschine betrug die Feldstärke 200 V/m bei einem Meßabstand von 10 cm. Dies entspräche also einer Spannung von 20 V. Beim kurzen Berühren der Maschine verspürte die Versuchsperson einen heftigen Schlag; die Feldstärke betrug jetzt unter den gleichen Bedingungen 60 kV/m, was einer Spannung von 6000 V entspricht.

Bei Berührung der leerlaufenden Maschine verspürte die Versuchsperson wieder einen Schlag und erwies sich bei der anschließenden Messung als ungeladen.

Die Vorgänge können erklärt werden: Die Versuchsperson stand isoliert in dem von den positiv aufgeladenen Platten ausgehenden starken elektrischen Feld und wurde „influenziert". (Siehe 1.3.3). Es finden Ladungsverschiebungen auf der Körperoberfläche in der Weise statt, daß negative Ladungen in Richtung Oberkörper fließen, wo sie durch die positiven Ladungen der Platten gebunden werden. Die positiven Überschußladungen an den Füßen werden durch die negativen Influenzladungen des Fußbodens gebunden. Im mittleren Bereich ist der

Körper elektrisch nahezu neutral, so daß nur eine kleine Feldstärke gemessen wurde. Bei kurzer Berührung leitfähiger Teile der geerdeten Maschine mit der Hand fließen nur die negativen Influenzladungen ab. Die positiven Überschußladungen bleiben zurück. Bei leerlaufender Maschine ist das äußere Feld verschwunden, so daß sich die positiven Überschußladungen jetzt auf der ganzen Oberfläche des Körpers verteilen und bei Berührung eines geerdeten Leiters abfließen.

Steht ein Mensch eine Zeit lang im Feld der Maschine und bewegt sich aus dem Feld heraus, ohne ein geerdetes Teil berührt zu haben oder berührt er die leerlaufende oder stillstehende Maschine, dann hat inzwischen ein Ladungsausgleich entweder auf der Körperoberfläche oder gegen Erde stattgefunden, ohne daß dies in irgendeiner Weise wahrgenommen wird.

Die wichtigsten Abhilfe- und Vorbeugungsmaßnahmen bestehen in der sorgfältigen Beachtung der Regeln 4, 6, 7 und 8.

Beispiel 6. Zündgefahren beim Probenehmen.

An einem Behälter für Gummilösung war es beim Probenehmen mehrmals zu kleinen Bränden gekommen, als deren Ursache statische Elektrizität vermutet wurde.
Die Untersuchung ergab:
1. Die Stufen zur hölzernen Bedienungsbühne und diese selbst waren im Laufe der Zeit mit einer Gummischicht überzogen, so daß der Widerstand nach DIN 51 953 gegen Erde ca. 10^{11} Ohm betrug.
2. Die Arbeiter im Raum trugen Arbeitsschuhe mit Kreppsohlen.
3. Das Entnahmegefäß war aus Metall.
4. Die relative Luftfeuchtigkeit im Raum betrug ca. 40%.
5. Nach dem Besteigen der Bühne und während des Probenehmens wurden Aufladungen des Mannes zwischen 2 und 3 kV gemessen.
6. Die Erdung des Behälters war einwandfrei.

Als Lösemittel wurde ein Gemisch verwendet, dessen MZE (Mindestzündenergie) etwa 0,2 mWs beträgt. Mit $C = 150$ pF als Kapazität des Menschen und $U = 3$ kV ergibt sich nach (18) als Energieinhalt des aufgeladenen Menschen $W = 1/2\, CU^2 =$ 0,675 mWs, also mehr als das Dreifache der MZE.

Als Schutzmaßnahme dient die Beachtung der bereits in Beispiel 5 genannten Regeln 4, 6, 7 und 8.

4. Beurteilung und Beseitigung statischer Elektrizität als Gefahr

Beispiel 7. Hantieren an einer Abfüllanlage für brennbare Flüssigkeiten.

In einer Lackfabrik werden aus großen Mischbehältern Lacke, deren Lösemittel aus brennbaren Flüssigkeiten besteht, in Gefäße der verschiedensten Art abgefüllt. Diese metallischen Gefäße befinden sich auf fahrbaren Wagen mit Gummirädern. Als ein Arbeiter den Deckel aufsetzen wollte, kam es zu einem Brand, der schnell gelöscht werden konnte. Da die Anwesenheit sämtlicher anderen Zündquellen mit großer Sicherheit ausgeschlossen werden konnte, sollte untersucht werden, ob ein Ausgleich statischer Elektrizität als Zündquelle wahrscheinlich ist.

Die Untersuchung ergab, daß der Betonfußboden einen Ableiterwiderstand zwischen 0,1 und 0,5 Megohm hatte, also ausreichend leitfähig war. Die im Raum beschäftigten Personen hielten sich streng an die Anweisung, Schuhe mit leitfähigen Sohlen zu tragen. Die Anlageteile waren einwandfrei geerdet. Der über die leitfähige Bereifung der Wagen gemessene Widerstand zwischen der metallisch blanken Aufsetzplatte der Waage und Erde betrug 0,1 Megohm. Es wurde schließlich festgestellt, daß der untere Rand des Fasses, an welchem die Zündung erfolgt war, mit einer Lackschicht überzogen war. Die Nachmessung ergab einen Widerstand von 10^{12} Ohm zwischen Faß und Erde. Bei Wiederholung der Befüllung unter Anwendung der notwendigen Sicherheitsvorkehrungen wurde am Fuß eine Spannungsanstieg von 1,2 kV pro dm Füllhöhe gemessen. Der Versuch wurde aus Sicherheitsgründen abgebrochen, ehe es zu einem Ladungsausgleich kam. Mit einer angenommenen Spannung von 6 kV und einer Kapazität des Fasses von 120 pF ergibt sich nach (18) ein Energieinhalt von ca. 2 mWs. Dieser reicht zur Zündung aus, wenn ein Funke vom Rand des Fasses, an dem mit brennbarem Gemisch gerechnet werden muß, zum Beispiel gegen die Hand eines Menschen überspringt.

Schutzmaßnahmen siehe Beispiel 5, darüber hinaus empfiehlt es sich, an der Abfüllstelle den Fußboden mit geerdeten metallischen Gitterrosten auszulegen. Dabei muß aber Erläuterung zu Regel 6 beachtet werden.

4.1.5. Beispiel 8 - 9: Fahrzeuge, transportable Behälter und Geräte

Beispiel 8. Untersuchung von Transportkarren mit Gefäßen auf ihren Ableitwiderstand gegen Erde.

Für den Transport von Lösemittelbehältern und Material in einer explosionsgefährdeten Halle sind eiserne Handkarren mit eisernen Rädern eingesetzt. Die Ladeflächen sind mit Brettern ausgelegt. An den Rädern und auf den Ladeflächen haben sich allmählich Isolierschichten aus verschmutzter Gummilösung gebildet. Es soll geprüft werden, ob der Ableitwiderstand sowohl des Ladegutes als auch der Karren für elektrostatische Ladungen noch ausreichend klein ist.

Hierzu werden die Karren in einem nicht ex-gefährdeten Bereich nacheinander auf eine gut geerdete metallische Unterlage gefahren. Zum Beispiel mit Hilfe eines Haftmagneten werden zunächst das Gestell jeder Karre, dann die auf der Karre befindlichen, zu ihr gehörenden Gefäße 1 - 4 nacheinander durch eine einpolige isolierte Kupferleitung und über einen dekadisch umschaltbaren Schutzwiderstand mit einem Galvanometer verbunden, dessen zweite Klemme an eine einpolig geerdete Spannungsquelle von etwa 100 V angeschlossen wird.

Aus Strom- und Spannungsmessungen werden die Widerstände errechnet. Für sehr hohe Widerstände wird ein Teraohmmeter verwendet. Anschließend wird zwischen die Räder der Karren und die Metallplatte eine Folie aus Isolierstoff gelegt und die Kapazität jeder beladenen Karre gemessen. Hierfür werden auf der Karre sämtliche leitfähigen Teile untereinander verbunden.

Es werden für die 4 Karren mit insgesamt 16 Gefäßen die in der folgenden Tabelle 1 angegebenen Werte ermittelt.

Nr.	Karre allein		Gefäß 1		Gefäß 2		Gefäß 3		Gefäß 4		C_{pF}	Gef. 1-4 parall.		τ
	I	R	I_1	R_1	I_2	R_2	I_3	R_3	I_4	R_4		I_g	R_g	msec.
1	20	5	6,7	15	6,7	15	1,25	80	6,7	15	600	10	10	6
2	5	20	2	50	1	100	2	50	1,33	75	620	2,5	40	25
3	2	50	–	300	–	1000	–	300	–	300	570	–	180	103
4	80	1,25	75	1,33	10	10	75	1,33	40	2,5	610	77	1,3	0,1

Bemerkung: Die Ströme wurden in μA, die Widerstände in Megohm gemessen. An den Karren 1, 2 und 4 erfolgten die Messungen mit einem Galvanometer, an der Karre 3 mit einem Teraohmmeter.

Auswertung: Als Mindestzündenergie der Lösemitteldämpfe werden 0,2 mWs zugrundegelegt. Diese werden nach (18) bei einer Aufladung auf ca. 800 V erreicht. Rechnet man zur Sicherheit mit 1/10 MZE, dann ergibt sich als zulässige Spannung U_{max} = 250 V.

Nimmt man an, daß beim Umfüllen der Flüssigkeit Ladeströme von 1 μA/Faß, also 4 μA, auftreten können, dann stellt sich das Spannungsgleichgewicht bei einem Ableiterwiderstand

von 1   10   100   Megohm
auf 4   40   400   Volt ein.

Da die Schätzung des maximalen Ladestroms sehr unsicher ist, sollte für die angebenen Verhältnisse der obere Grenzwiderstand nicht höher als 10 Megohm festgesetzt werden.

Die unterschiedlichen Werte sind darauf zurückzuführen, daß die Karren nicht gleich lange und gleich häufig benutzt wurden, und daß sich an den Böden der Gefäße sehr verschieden dicke Isolierschichten angesetzt hatten.

Die Messungen zeigen, daß viel zu niedrige Werte erhalten worden wären, wenn der Einfachheit halber bereits für die Widerstandsmessungen die Gefäße untereinander leitfähig verbunden worden wären. Dann wären vor allem die Gefäße mit extrem hohen Widerstandswerten nicht entdeckt worden.

Die Karren 1 - 3 und fast sämtliche Gefäße müssen gereinigt und anschliessend noch einmal auf ihren Ableitwiderstand geprüft werden. Die Prüfung der Ladeflächen erfolgt dann am besten mit Hilfe einer aufgesetzten Elektrode in Anlehnung an DIN 51 953, die der Fässer unmittelbar auf der Erdungsplatte.

Das Ergebnis der Prüfung sollte der Anlaß sein, diese in regelmäßigen Abständen zu wiederholen und auch laufend Kontrollen des Fußbodens und der im Raum beschäftigten Menschen auf ihren Ableitwiderstand gemäß Regeln 4, 6 und 7 durchzuführen.

Beispiel 9. Einfüllen von Harzpulver in Lösebehälter.

In einem Schuppen wird zerkleinertes Harz chargenweise in einen Lösebehälter für Klebstoffe zugegeben. Aus einem Vorrat, der frei auf dem Betonfußboden gelagert ist, wird mittels Schaufel das Harz in Metalleimer gefüllt und zu der etwa 6 m entfernten Holzbühne des Lösebehälters getragen. Der Eimer wird über eine Öffnung, welche durch Klappdeckel verschließbar ist, in den Behälter entleert.

Es soll geprüft werden, welche praktisch durchführbaren Maßnahmen gegen Zündgefahren zu treffen sind, und ob die Verwendung von Kunststoffeimern die Gefahr vermindert oder vergrößert.

Durch unvermeidbare Staubentwicklung beim Einlagern, Umschaufeln und Füllen der Eimer bildet sich unter den Schuhsohlen und auf dem Fußboden allmählich eine Harzschicht, durch welche der Mann gegen Erde isoliert wird. Beim Einfüllen des Harzes lädt sich dieses auf und gibt einen Teil der Ladung an den Eimer ab. Diese Ladungen bleiben lange erhalten, da der Eimer praktisch stets von Erde isoliert steht. Beim Anheben des Eimers tritt ein Ladungsausgleich zwischen dem möglicherweise aufgeladenen Mann und dem Eimer auf, der im allgemeinen unter den normalen Arbeitsbedingungen ungefährlich ist und den Mann und den Eimer auf gleiche Spannung gegen Erde bringt. Auf dem Wege zum Lösebehälter kann sich der Mann mit dem Eimer weiter aufladen. Diese Ladung wird bei Berührung des geschlossenen Behälters gefahrlos abgegeben.

Wird nach Öffnung des Deckels der Eimer nach Vorschrift auf den Rand des Behälters aufgesetzt, nachdem er über eine metallische Leitung und einen Haftmagneten mit dem Behälter verbunden wurde, und dann langsam entleert, dann fließen die durch den Trennvorgang entstehenden Ladungen des Eimers gefahrlos ab. Erfahrungsgemäß muß aber damit gerechnet werden, daß gelegentlich die Erdung des Eimers unterlassen und dieser beim Entleeren frei über die Öffnung gehalten wird. Wenn hierbei der Mann zum Beispiel durch eine Harzschicht gegen Erde isoliert ist, sammeln sich auf ihm und dem Eimer beim Entleeren große Ladungsmengen an. Bei Annäherung des Eimers an den Rand des Behälters kann es leicht zu einem zündfähigen Ladungsausgleich innerhalb eines brennbaren Gemisches kommen.

Ein Kunststoffeimer wird durch das Befüllen und Entleeren ebenfalls aufgeladen. Eine Entladung über eine Erdung ist praktisch nicht möglich. Besonders während des Entleerens ist mit Aufladungen zu rechnen, die aber nicht insgesamt lokalisiert wirksam werden. Unter den vorliegenden Verhältnissen ist die Bildung zündfähiger Funken bei Befüllung mit einem Kunststoffeimer sehr viel unwahrscheinlicher als bei nicht vorschriftsmäßiger Befüllung mit Metalleimer.

Eine wesentlich größere Sicherheit könnte erreicht werden, wenn das Harz direkt über eine Rohrleitung dosiert eingegeben oder zumindest aus einem geschlossenen Behälter staubfrei in die Eimer abgefüllt würde, so daß durch Sauberhaltung des Fußbodens stets eine leitfähige Verbindung zwischen Mann und Erde gewährleistet werden könnte. Vergleiche Regeln 6 und 7. Unter dieser Voraussetzung wäre die Verwendung eines Metalleimers zu empfehlen.

4.1.6. Beispiel 10: Ausschaltung von Zündungen infolge Feldverzerrung

An einer von zwei parallel aufgestellten Streichmaschinen waren mehrmals Zündungen von Lösemitteldämpfen erfolgt, die zu kleinen Explosionen geführt hatten. Als Zündursache wurde statische Elektrizität vermutet. Die Maschinen dienen zur Gummierung von Textilien. Messungen ergaben, daß bei beiden Maschinen die Aufladungen der Bahn hinter dem ersten Walzenpaar sehr stark waren.

Wenn unter sonst gleichen Bedingungen nur an der einen von beiden Maschinen Brände auftraten, dann lag die Vermutung nahe, daß konstruktive Besonderheiten die Voraussetzungen hierfür waren. Der bemerkenswerteste Unterschied zwischen beiden Anlagen bestand darin, daß bei der einen Maschine der Trockenkanal unmittelbar hinter den Walzen begann, während bei der anderen das Band erst nach einem Weg von ca. 1,5 m in den Trockenkanal lief. Auf diese Weise verdunstete aus der großen freien Oberfläche bereits ein großer Teil des Lösemittels außerhalb des Trockenkanals. Aus dieser Maschine wurde daher auch wesentlich weniger Benzin zurückgewonnen als aus der zweiten Maschine.

Als Zündursache wurden Büschelentladungen ermittelt, die an der Kette eines Flaschenzuges auftreten konnten, wenn diese zufällig bis dicht an die Bahn über der Maschine reichte. Zur Abhilfe wurde der Trockenkanal so weit wie möglich bis an das erste Walzenpaar herangeführt. Damit wurden erreicht:
1. Homogenes Feld mit großer Kapazität und damit kleinerem Energieinhalt bei gleicher Ladungsmenge;
2. Vermeidung zufälliger Feldverzerrungen zum Beispiel durch den Kranhaken oder Hantieren an der Anlage;
3. durch entsprechende Luftführung außerhalb des Explosionsbereiches zu bleiben;
4. erhöhte Ausbeute bei der Benzinrückgewinnung.

4.1.7. Beispiel 11: Prüfung der Wirksamkeit von Spitzenionisatoren in einem Kalander

Eine bedruckte Folie durchläuft einen Kalander. Dabei verdunstet das Lösemittel, die zeitweilige Anwesenheit explosibler Dampf-Luftgemische läßt sich nicht vermeiden.

Die Folie lädt sich so stark auf, daß es beim Hantieren während des Laufens schon mehrfach zu Zündungen durch Feldverzerrungen gekommen ist. Als Abhilfemaßnahme ist der Einbau belüfteter Spitzenionisatoren vorgesehen. (vergleiche Regel 3). Die Ionisatoren sollen an verschiedenen, zum Teil schwer zugänglichen, Stellen angebracht werden. Die jeweils günstigste Anordnung muß gefunden und die Wirksamkeit soll geprüft werden. Dort, wo es die geometrischen Verhältnisse erlauben, werden − mit den notwendigen Vorsichtsmaßnahmen − die Feldstärken vor und hinter dem Ionisator gemessen. Die günstigste Stellung des Ionisators ergibt sich aus dem Minimum der Feldstärke hinter dem Gerät.

Wo eine Feldstärkemessung hinter dem Ionisator nicht möglich ist, wird dessen Wirksamkeit aus dem Ableitstrom ermittelt: Bei einer Breite der Folie von 80 cm und einer Geschwindigkeit von 10 m/s wird ziemlich gleichmäßig über die Breite und einigermaßen konstant eine Feldstärke von 20 kV/cm gemessen. Hieraus ergibt sich die Flächenladungsdichte aus (4)
zu $\sigma = 8{,}86 \cdot 10^{-12}$ As/Vm $\cdot 20 \cdot 10^5$ V/m $= 17{,}7 \cdot 10^{-6}$ As/m^2.
Der Ladestrom ist dann
$J_L = 17{,}7 \cdot 10^{-6}$ As/m$^2 \cdot 0{,}8$ m $\cdot 10$ m/s $= 140 \cdot 10^6$ A $\hat{=} 140$ μA.

Mit einem in die Erdleitung des Spitzenionisators eingeschalteten Mikroamperemeter wird bei günstigster Anordnung des Ionisators ein Ableitstrom von 120 μA gemessen. Die Restfeldstärke beträgt dann nur noch ein Siebentel der Anfangsfeldstärke, also etwa 3 kV/cm.

An einer anderen Stelle beträgt bei einer gemessenen Feldstärke von 12 KV/cm der Ableitstrom 154 μA. Der gemessenen Feldstärke würde dann aber nur ein Ladestrom von etwa 84 μA entsprechen. Die Nachprüfung ergibt, daß sich an dieser Meßstelle hinter der Folie im Abstand von 5 cm eine Metallwandung befindet. Der Meßabstand betrug 5 cm. Um ein homogenes Feld zu erhalten, wurde am Meßkopf eine Metallfläche parallel zur Folie angebracht. Aus (31 b und c) ergeben sich die wahre Feldstärke zu 24 kV/cm, die wahre Flächenladungsdichte zu etwa 21 μAs/m^2 und aus (33) der Ladestrom zu $J_L = 168$ μA. Die Restflächenladungsdichte beträgt $1{,}75 \cdot 10^{-6}$ As/m^2 und die Restfeldstärke an der Oberfläche ohne rückwärtige Elektrode etwa 2 kV/cm, also nur noch etwa ein Zwölftel der Anfangsfeldstärke ohne rückwärtige Elektrode. Dies ist zu erwarten, da die Wirksamkeit des Ionisators mit der Feldstärke zunimmt.

Bei reduzierter Geschwindigkeit vermindern sich erwartungsgemäß die Aufladung und die Wirksamkeit des Spitzenionisators so, bis bei gemessenen Anfangsfeldstärken von etwa 1 kV/cm die Feldstärken vor und hinter dem Ionisator gleich hoch sind.

96 4. *Beurteilung und Beseitigung statischer Elektrizität als Gefahr*

4.2. Untersuchung spezieller Probleme

4.2.1. Beispiel 12: Brennbare Flüssigkeiten
Untersuchungen an einem Lösebehälter mit Rührwerk

An einem Lösungsrührwerk mit 1200 l Fassungsvermögen sind mehrmals Brände entstanden, deren Ursache zunächst nicht zu erkennen war. Die Zusammenhänge sollen untersucht und Maßnahmen zur Verhinderung weiterer Brände getroffen werden.

Die Anlage dient zur Herstellung von Gummilösungen. Zu diesem Zwecke werden Gummifelle in Schneidmaschinen zerkleinert. Die Schnitzel werden in fahrbaren Kästen aufgefangen, nach dem Transport in zylindrische Gefäße umgeschaufelt und aus diesen von einer Bühne aus in die Lösungsbehälter geschüttet. Anschließend wird das Lösemittel, hauptsächlich Benzin, über Rohrleitungen eingelassen. Das Lösemittel tritt unter Druck mit hoher Geschwindigkeit aus dem Ende der Rohrleitung aus, das sich dicht unterhalb der Einfüllöffnung befindet. Die Einfüllöffnung wird durch einen Deckel erst nach dem Einlassen des Benzins geschlossen, damit die verdrängte Luft entweichen kann.

Die Brände sind bisher nur an einem von mehreren Behältern und auch nur bei Verwendung einer bestimmten Materialsorte entstanden, welche mit einer Spezialschneidemaschine zerkleinert wird. Bemerkenswert ist die Regelmäßigkeit, mit der die Zündungen bei einem bestimmten Betriebszustand, nämlich dem Einfüllen einer Lösemittelmenge zwischen etwa 80 und 160 Liter, erfolgten.

Da keine andere Zündursache erkennbar war, wurde Zündung durch elektrostatischen Ladungsausgleich vermutet. Begründet wurde die Vermutung damit, daß keine Zündung erfolgte, als nach Regel 8 versuchsweise der Benzinaustritt mit Hilfe eines Schlauches tiefer gelegt wurde. Das Arbeiten mit Schlauch ist aber unbequem, da dieser jedesmal nach dem Einlassen des Benzins abgenommen werden muß.

Die zunächst naheliegendste Maßnahme, nämlich Tieferlegung der Ausflußöffnung für das Benzin, läßt sich nicht durchführen, da der untere Teil des Rohres durch Gummilösung verstopft würde, und außerdem die Leitungsführung wegen der Bügel des Rührwerkes schwierig wäre.

Das Rührwerk, an welchem die Brände auftraten, unterschied sich von den übrigen dadurch, daß die Ausflußöffnung der Benzinleitung enger als bei den an-

Untersuchung spezieller Probleme

deren Behältern war. Vom Betrieb war versuchsweise das Rohrende trichterartig erweitert worden.

Um die Wirksamkeit dieser Maßnahme zu prüfen und zur Klärung der Zusammenhänge werden folgende Versuche durchgeführt:

Die Felle besonderer Materialzusammensetzung wurden mit der Spezialschneidemaschine zerkleinert.

Das Rührwerk wurde mit den frischen Schnitzeln befüllt, das Einlassen von Benzin erfolgte einmal über den engen Rohrauslauf, einmal über den geänderten Auslauf. Bei diesen Vorgängen wurden die Aufladungen gemessen, wobei folgendes festgestellt wurde:

Nach dem Schneiden waren die Schnitzel sehr hoch negativ aufgeladen. Die Ladungen im Kasten und die der Schnitzel beim Umfüllen waren relativ gering. Dieser Befund stimmt nicht mit den sonstigen Beobachtungen überein, wo starke Aufladbarkeit der Schnitzel und sehr lange Entladezeiten festgestellt wurden. Als wahrscheinliche Ursache wurde festgestellt, daß in unmittelbarer Nähe der Schneidemaschine ein Ventil in der Dampfleitung undicht war, so daß der austretende Dampf die Schnitzel im Kasten befeuchtete. Dies konnte innerhalb der Meßreihe nicht abgestellt werden.

Beim Einlassen des Benzins über den engen Auslauf waren die Aufladungen extrem hoch. Der Rührer stand zufällig so, daß das ausströmende Benzin gegen einen Bügel spritzte. Hierdurch sprudelten Tropfen sogar aus der Einfüllöffnung heraus. Nach Unterbrechung des Einlassens wurde der Rührer etwas weiter gedreht. Der Benzinstrahl traf auf die Schnitzel, wobei weiterhin starke negative Aufladungen auftraten. Nach Auswechslung des Rohrauslaufs floß das Benzin unter Wirbelbildung aus und war ebenfalls stark aufgeladen.

Bei beiden Rohrquerschnitten wurden keine Aufladungen des Benzins festgestellt, wenn dieses ohne Druck aus der Leitung lief.

Inzwischen war die kritische Phase erreicht. Da eine Erhöhung der Gefahr durch das Hantieren mit dem Meßgerät im Bereich brennbarer Gemische vermieden werden sollte, wurde der Versuch abgebrochen.

Aus den Messungen folgt, daß die bisherigen Brände mit großer Sicherheit auf Zündungen von Lösemittel-Luftgemischen durch statische Elektrizität zurückzuführen sind.

Das verwendete Meßgerät mißt die elektrische Feldstärke und ist für homogenes Feld geeicht. Die Anzeige des Gerätes ist daher von der Anordnung abhängig und muß auf die Feldverteilung unter den Betriebsbedingungen umgerechnet werden. Es ist zweifelhaft, ob bei den gegebenen Verhältnissen auch bei großem Aufwand exakte quantitative Angaben überhaupt möglich sind. Für eine Beurteilung der Verhältnisse genügen aber die Ergebnisse dieser Messungen durchaus.

Es war erwartet worden, daß die Aufladung des Benzins geringer würde, wenn es aus einem größeren Querschnitt ausströmt. Aus den dargelegten Gründen können quantitative Angaben über die erzielte Verringerung der Aufladung nicht gemacht werden. Die Aufladung des Benzins war auch jetzt noch so hoch, daß der Versuch vorsichtshalber abgebrochen wurde.

Weder für die Schnitzel noch für das Benzin waren die optimalen Bedingungen für deren Aufladung gegeben, da die Schnitzel bedampft waren, und das Benzin mit nur 2 statt normal 4 bar (at.) Überdruck eingelassen wurde. Es muß also auch nach der im Prinzip durchaus richtigen Erweiterung des Querschnitts mit Zündungen gerechnet werden, wenn keine weiteren Vorsichtsmaßnahmen getroffen werden.

Als Maßnahme zur Vermeidung von Zündungen durch statische Elektrizität werden vorgschlagen:
1. Füllung der Behälter mit kleiner Geschwindigkeit. Dies kann unter den vorliegenden Bedingungen ohne weiteres in Kauf genommen werden. Am einfachsten läßt sich dies erreichen, wenn das Lösemittel in einen Zwischenbehälter in geringer Höhe über dem Rührwerkskessel gepumt und von da ohne Druck eingelassen wird.
2. Vergrößerung des Rohrquerschnitts und Anordnung der Auslauföffnung so, daß der Strahl tangential gegen die Behälterwand gerichtet ist.
3. Erhöhung der Leitfähigkeit des Lösemittels durch Zusätze so, daß keine Aufladbarkeit mehr vorhanden ist und etwaige Aufladungen der Schnitzel über das Lösemittel abgeleitet werden.

Um die Sicherheit weiter zu erhöhen, wird außerdem die Durchführung folgender Maßnahmen empfohlen:
4. Beachtung der Regeln 4, 5, 6, 7 und 8.
5. Zwischenlagerung und, wenn dies technologisch vertretbar ist, leichte Befeuchtung der Schnitzel.
6. Eingeben von Schutzgas vor dem Einlassen des Lösemittels, dadurch würden auch sämtliche übrigen denkbaren Zündquellen ausgeschaltet.

4.2.2. Beispiele 13 - 14: Brennbare Stäube

Beispiel 13: Abschätzung elektrostatischer Zündgefahren beim pneumatischen Fördern eines staubförmigen Produktes.

Es sollte untersucht werden, ob beim pneumatischen Fördern eines staubförmigen, brennbaren Produktes in ein Silo eines Volumens von 50 m^3 elektrostatische Aufladungen einer solchen Höhe entstehen können, daß mit zündfähigen Entladungsfunken gerechnet werden muß.

Zur Gefahrenabschätzung wurden an diesem Produkte folgende Messungen durchgeführt.
1. Messung des spezifischen Widerstandes,
2. Messung der elektrostatischen Aufladung,
a) im Labor an einer pneumatischen Versuchsförderstrecke
b) im Betrieb an dem pneumatisch zu füllenden Silo
3. Untersuchung der thermischen Empfindlichkeit und des Zündverhaltens.

Zu 1: Der spezifische Widerstand des Produktes liegt über 10^{15} Ω cm. Daraus folgt, daß beim Fördern mit elektrostatischen Aufladungen zu rechnen ist.

Zu 2a: Die spezifische Ladung, ermittelt in einer pneumatischen Versuchsförderstrecke aus VA-Stahl, beträgt $3 \cdot 10^{-7}$ As/g. Dieser Wert ist kennzeichnend für ein Produkt mit hoher Aufladungsneigung. Zum Vergleich sei angegeben, daß die höchste vorher in dieser Apparatur gemessene Aufladung bei etwa $1 \cdot 10^{-6}$ As/g lag.

Zu 2b: Da für die Gefahrenabschätzung einer Anlage in elektrostatischer Hinsicht Feldstärkemessungen im Betriebszustand von ausschlaggebender Bedeutung sind, wurde der Meßkopf eines Feldstärkemeßgerätes nach Schwenkhagen so umgebaut (Fremdluftspülung), daß dieser in einer Staubatmosphäre betrieben werden kann. Der Meßkopf wurde in einen Silostutzen eingesetzt. Dadurch zeigte daß Meßgerät geringere Feldstärkewerte an, als tatsächlich an der Behälterinnenwandung herrschten. Mittels eines weiteren Feldstärkemeßgerätes wurde festgestellt, daß bei der gewählten Meßgeometrie ein um 50% kleinerer Wert gemessen wurde, das heißt, die Meßwerte ergeben, mit dem Faktor 2 multipliziert, die tatsächlichen Feldstärkewerte an der Behälterinnenwand.

Die Messungen ergaben einen Wert von maximal 330 V/cm, das entspricht bei Berücksichtigung des Meßgeometriefaktors einer tatsächlichen Feldstärke von maximal 660 V/cm.

Zu 3: Bei den Untersuchungen der thermischen Empfindlichkeit und des Zündverhaltens wurde festgestellt, daß das Produkt bis 300° C keine Selbstentzündung zeigt, daß es aber auch durch seine untere Explosionsgrenze von 7 g/m^3 im Staub-Luftgemisch als sehr zur Explosion neigend anzusehen ist.

Gefahrenabschätzung: Zur elektrostatischen Zündung eines Staub-Luftgemisches sind zwei Mechanismen denkbar:

1. Entladungsfunken von aufgeladenen, leitfähigen Teilen, die gegen Erde isoliert sind,
2. gewitterblitzähnliche Entladungen aufgeladener Staubwolken.

Zündquellen nach 1. lassen sich vermeiden durch konsequente und zuverlässige Erdung aller leitfähigen Anlageteile. Eine Kontrolle dieser Erdungsmaßnahmen ist, insbesondere nach Umbauarbeiten an der Anlage, notwendig.

Zündungen nach 2. sind bisher nicht bekannt geworden, ihr Mechanismus ist denkbar im Hinblick auf den mit Sicherhheit zündfähigen Gewitterblitz. Als Voraussetzung für diese gewitterähnlichen Entladungen nennen Konschak und Voigtsberger [21] Feldstärken am Rand einer Staubwolke von 20 bis 30 kV/cm, das ist die Durchschlagfeldstärke in Luft bei Normaldruck. In einer neueren Arbeit ist Schön [17] der Ansicht, daß man in explosiblen Staubwolken von mehr als 1 m Durchmesser nur Feldstärken unter etwa 2,7 bis 5 kV/cm als ungefährlich bezeichnen sollte. Eindeutige Versuchsergebnisse für derartige Zündvorgänge in Staub-Luftgemischen mit Angabe der zur Zündung erforderlichen Mindestladungsmenge und/oder Mindestfeldstärke sind nicht bekannt.

Diese Werte wurden aus Betrachtungen an Gewitterblitzen übernommen. Bei ihnen setzt die als Vorentladung erforderliche Kanalbildung ein, wenn eine mittlere Feldstärke von 2,7 bis 5 kV/cm vorhanden ist und an einer Stelle die Durchschlagfeldstärke in Luft überschritten wird. Diese Kanalbildung findet in Räumen statt, die größer sind als die hier betrachteten Silos. Der Kanal bildet sich in Stufen von im Mittel 20 m Länge und etwa 5 m ϕ aus. In ihm werden bereits vor der Ausbildung des Funkens Ladungen transportiert, die größer sind als die in staubgefüllten Bunkern verfügbaren.

Daher können die Bedingungen für einen Gewitterblitz nicht ohne weiteres auf Raumladungswolken von wenigen Metern Durchmesser übertragen werden. Die gemessenen Feldstärken sind um den Faktor 4 bis 8 kleiner als die von Schön angegebenen Grenzwerte. Die Wahrscheinlichkeit von Zündungen durch blitzartige Entladungen ist hiernach gering.

Es sei jedoch darauf hingewiesen, daß die gemessenen Feldstärkewerte niedriger liegen, als es nach den Labormessungen an diesem Produkt zu erwarten war. Wenn auch diese Laborapparatur eine hohe elektrostatische Erregung der Staubproben gewährleistet, so ist doch zu bedenken, daß schon geringfügige Änderungen der Fördereinrichtungen und ihrer Leistungswerte auch bei der untersuchten Anlage zu höheren elektrostatischen Aufladungen des Produktes führen können.

Ergebnis. Für das pneumatische Fördern des vorliegenden Produktes unter Beibehaltung der gegenwärtigen Arbeitsweise werden nach diesen Untersuchungen aus Gründen elektrostatischer Aufladungen weder Schutzgasbetrieb noch räumliche Unterteilung des Silos gefordert. Nach Produkt- oder Verfahrensänderungen sollte durch neue Aufladungsmessungen die Sicherheit überprüft werden.

Beispiel 14. Verpuffung beim Abfüllen eines staubförmigen Farbstoffes aus einem Trockner.

In einem Betrieb kam es zu einer Verpuffung, als dort das fünfte Faß mit einem staubförmigen Farbstoff aus einem Trockner gefüllt wurde. Es sollte geklärt werden, ob die Zündung durch einen elektrostatischen Entladungsfunken herbeigeführt worden war.

Bei Explosionsuntersuchungen an diesem Staub waren ab 10 g Staub/m^3 Luft des öfteren geringe Abbrennerscheinungen zu beobachten. Ab ca. 25 g Staub/m^3 erfolgten leichte Stichflammenentzündungen, welche sich mit zunehmender Staubkonzentration verstärkten. Direkte Explosionsentzündungen oder explosionsartige Stichflammenentzündungen konnten ab ca. 55 g Staub/m^3 beobachtet werden.

Es wurden Brandspuren festgestellt im oberen Teil des etwa halbgefüllten Fasses und im Gewebeschlauch, der die Verbindung zwischen der Auftragsöffnung des Trockners und dem Faßdeckel herstellt. Daraus kann geschlossen werden, daß die Zündung ihren Ursprung in der Nähe des Faßdeckels gehabt hat. Zum Unfallzeitpunkt war am Faß nicht die vorgesehene Erdungsmaßnahme durchgeführt worden. Sein Ableitwiderstand ließ sich nicht rekonstruieren, doch zeigten ebenfalls nichtgeerdete Fässer in der Umgebung Ableitwiderstände bis 10^{11} Ohm Hingegen war der Faßdeckel, durch Reste einer Schaumstoffdichtung und Produktansatz gegen das Faß elektrisch isoliert, über eine Leitung mit dem als geerdet anzusehenden Trockner elektrisch verbunden. Zwar zeigte diese Verbindung einen Wackelkontakt, wenn man den Deckel bewegte, doch im aufgelegten Zustand war bei mehreren Versuchen ein hinreichend guter Kontakt vorhanden. Mit großer Wahrscheinlichkeit kann also angenommen werden, daß zum Unfallzeitpunkt der Faßdeckel geerdet war, das Faß hingegen nicht.

Nun war zu klären, ob das Faß vom eingetragenen Produkt so hoch elektrostatisch aufgeladen werden kann, daß zwischen Faß und Deckel ein für den Produktstaub zündfähiger Entladungsfunke übergehen kann. Die Mindestzündenergie für ein Staubluftgemisch liegt im allgemeinen zwischen 10 und 100 mWs.

Im Labor wurden am Produkt Messungen des elektrischen Widerstandes und der Aufladung im Rutschversuch gegen Stahl vorgenommen. Dabei fiel auf, daß die Probe der an der Explosion beteiligten Partie einen höheren Widerstand und auch eine etwas höhere Aufladung zeigte, als die später hergestellte Vergleichspartie. Die erste Partie hatte bei einem spezifischen Widerstand $> 5 \cdot 10^{14}$ Ω cm eine spezifische Aufladung von $2 \cdot 10^{-9}$ As/g, hingegen die Vergleichspartie bei $6 \cdot 10^{13}$ Ω cm nur $9 \cdot 10^{-10}$ As/g. Rückfragen ergaben, daß die erste Partie auf eine unterdurchschnittliche Restfeuchte getrocknet worden war. Da die Labormessungen nur orientierenden Charakter haben, wurde beschlossen, unter Wahrung aller erforderlichen Vorsichtsmaßnahmen in einem Versuch das zu befüllende Faß sorgfältig gegen Erde zu isolieren, um festzustellen, welche elektrische Energiemenge dem Faß vom einlaufenden Produkt zugeführt wird. So wurden sechs jeweils isoliert aufgestellte Fässer nacheinander am Trockner gefüllt und die ihnen dabei zugeführte Ladung gemessen.

Aus diesen Ladungen wurden nach der Beziehung $W = \frac{1}{2} CU^2$ in Wattsekunden die nachstehend vermerkten Energien berechnet, auf die die einzelnen Fässer beim Füllen gebracht wurden.

Es ist bemerkenswert, daß das 1., 2., 3. und das letzte Faß deutlich geringer aufgeladen wurden als das 4. und 5. Faß. Die Ladungszunahme läßt sich

Faß	mWs durch	kg Produkt
1	12	80
2	10	100
3	12	50
4	250	100
5	250	100
6	6	100

auf die innigere Wandreibung des Produktes im leerer werdenden Trockner zurückführen. Bei Faß 6 dürfte die niedrigere Aufladung darauf zurückzuführen sein, daß über den für alle Fässer annähernd gleichen Isolationswiderstand von etwa $5 \cdot 10^{11}$ Ohm die Ladung von dem nunmehr sehr langsam einlaufenden Produkt ($\approx$ 100 kg/10 min) bereits merklich abfließt.

Nach diesen Meßergebnissen ist es als sehr wahrscheinlich anzusehen, daß die Verpuffung des Staubes beim Abfüllen des 5. Faßes elektrostatisch gezündet wurde, denn die Energiewerte, auf die die Fässer 4 und 5 durch Aufladung gebracht wurden, liegen mit 250 mWs deutlich über dem zu erwartenden Bereich der Mindestzündenergie von 10 bis 100 mWs für ein Staubluftgemisch dieses Farbstoffes. Als Ort des Zündfunkens kann der Bereich zwischen oberem Faßrand und Faßdeckel angesehen werden. Durch die im Faßdeckel vorhandenen Dichtungs- und Produktreste waren dort die für einen Zündfunken günstigen Abstände in der Größenordnung von Millimetern vorhanden. In diesem Bereich dürfte außerdem ein zündfähiges Staubluftgemisch vorhanden gewesen sein.

Als Sicherheitsmaßnahme wird die konsequente Erdung aller leitfähigen Anlageteile, insbesondere des Fasses und seines Deckels empfohlen. Dieses Beispiel zeigt, daß vom Bedienungspersonal besonders vorzunehmende Edrungsmaßnahmen (in diesem Fall sollten die Fässer jeweils durch einen Überwurfring geerdet werden), mit einem Unsicherheitsfaktor belastet sind. Man sollte anstreben, die Einrichtungen so zu gestalten, daß sich die notwendigen Erdungen beim Betriebsablauf zwangsläufig ergeben. Deshalb wird jetzt an der Faßabfüllstelle unter dem Trockner eine geerdete geriffelte Stahlplatte montiert. Sie vermittelt dem darauf zu stellenden Fuß den Erdkontakt, da sich in diesem Fall isolierende Schmutzschichten nicht bilden. Die Deckel werden über eine kräftige Litze mit dem Trockner verbunden und so ebenfalls geerdet. Diese Erdungen sollten in gewissen Zeitabständen kontrolliert werden (Regeln 4, 5, 6).

4.2.3. Beispiele 15 - 16: Isolierstoffbahnen und Treibriemen

Beispiel 15. Untersuchungen in einem Trockenkanal für bedruckte Folien.

Ein 2 m breiter Trockenkanal von 4 m Länge und 20 cm Höhe wird mit einer Geschwindigkeit von 3 m/s von Folien durchlaufen, welche gelegentlich mit Metallfarben bedruckt sind. Der Abstand der Folie von der Unterseite beträgt 6 cm.

Im Kanal befinden sich durch die Verdunstung brennbarer Lösemittel stellenweise zündfähige Gemische. Die Metallwände des Kanals sind geerdet. Im letzten Drittel ist auf der Oberseite ein Beobachtungsfenster von ca. 1 m² eingelassen.

Mehrere Verpuffungen gaben Veranlassung zu einer Untersuchung der Verhältnisse mit dem Ziel, weitere Zündungen möglichst zu vermeiden.

Bei geöffnetem Beobachtungsfenster wurde in Höhe der oberen Abdeckung eine Feldstärke von 8 kV/cm gemessen. Es wurde darauf geachtet, daß das Feld zwischen Folie und Meßkopf des Feldstärkemeßgerätes homogen war. Dies wurde dadurch erreicht, daß sich die Vorderseite des Meßkopfes in der Öffnung einer Metallfläche von ca. 30 x 30 cm² befand, welche parallel zur Folie gehalten wurde.

Die Feldstärke zwischen Folie und Unterseite ergibt sich dann für den Bereich des Fensters nach (31 c) zu 26,7 kV/cm. Dieser Wert liegt so nahe an der Durchschlagfeldstärke der Luft, daß mit deren gelegentlichem Überschreiten gerechnet werden muß. Dies trifft besonders dann zu, wenn Schraubenköpfe oder dergleichen örtliche Feldverzerrungen verursachen. Die Feldstärke entspricht einer Spannung U_1 von 160 kV.

Für den allseitig metallisch abgedeckten Teil des Kanals ergibt sich die Spannung unter Verwendung von (31 c)

$$U_2 = \frac{s_2}{s_2 + s_1} \cdot U_1 ; \text{ also } U_2 = \frac{14}{20} \cdot 160 = 112 \text{ KV};$$

die Feldstärke gegen die untere Abdeckung beträgt mit

$$E_1 \cdot s_1 = E_2 \cdot s_2 = U_2$$

$$E_1 = \frac{U_2}{s_1} = \frac{112}{6} = 18,7 \text{ kV/cm}$$

und die Feldstärke gegen die obere Abdeckung

$$E_2 = \frac{U_2}{s_2} = \frac{112}{14} = 8 \text{ kV/cm}.$$

Untersuchung spezieller Probleme

Die Berechnung kann entweder nach (31 c) mit (9) oder nach (13) mit (11) und (16) erfolgen. Die Ladung bleibt konstant, Spannung und Feldstärke ändern sich mit der Geometrie der Anordnung.

Wenn die Folie den Kanal in halber Höhe durchläuft, wirkt sich dies wie die Verdopplung der Kapazität eines isolierten Leiters gegen Erde aus; die im Bereich des Fensters gemessene Feldstärke wird halbiert.

Als Ergebnis der Untersuchung ist festzustellen, daß die im Bereich des Fensters gemessene Feldstärke so nahe an der Durchschlagfeldstärke der Luft liegt, daß dort statische Elektrizität als Zündursache sehr wahrscheinlich ist.

Zur Beseitigung der Gefahr müssen entweder zündfähige Gemische vermieden oder die Feldstärke auf ungefährliche Werte reduziert werden.

Die erste Möglichkeit scheidet aus wirtschaftlichen Gründen aus, da ein Betrieb mit Schutzgas zu teuer würde, und auch bei genügend starker Absaugung nicht verhindert werden kann, daß bei der Verdunstung der Ex-Bereich innerhalb des Kanals durchlaufen wird. Der Ersatz der brennbaren Lösemittel durch nichtbrennbare scheidet aus technologischen Gründen aus.

Für die zweite Maßnahme bieten sich zunächst folgende Wege an:

1. Herabsetzung der Flächenladungsdichte
a) durch Verminderung der Geschwindigkeit,
b) durch Ableitung der Ladungen.
2. Reduzierung der Feldstärke durch Änderung der geometrischen Verhältnisse.

Die Möglichkeiten unter 1. scheiden aus zwei Gründen aus:
a) Die Geschwindigkeit kann aus wirtschaftlichen und arbeitstechnischen Gründen nicht vermindert werden. Es wäre im Gegenteil erwünscht, die Geschwindigkeit zu erhöhen.
b) Durch die Geräte und Methoden zur Beseitigung der Aufladung dürfen keine neuen Gefahren entstehen. (Regel 3). An sich wäre es möglich, einen belüfteten Spitzenionisator (siehe 3.2.3) zu verwenden. Da aber durch das Bedrucken auch mit Metallfarben gelegentlich leitfähige Inseln größerer Ausdehnung entstehen, darf kein Gerät verwendet werden, bei welchem mit der Möglichkeit der Bildung zündfähiger Funken zwischem einem isolierten Leiter und dem Gerät gerechnet werden muß.

Die Rechnungen und Überlegungen zeigen aber, daß die Feldstärke durch relativ geringfügige Änderungen auf die Hälfte der Werte unter dem Fenster reduziert werden kann.

106   4. Beurteilung und Beseitigung statischer Elektrizität als Gefahr

Es ergeben sich zwei Empfehlungen:
1. Das Beobachtungsfenster wird herausgenommen und durch eine Metallfläche ersetzt. Die Beobachtung kann auch von der Seite her erfolgen.
2. Die Folie wird in halber Höhe des Kanals angeordnet.

Es könnte auch erwogen werden, im Bereich des Fensters eine Platte aus Isolierstoff (zum Beispiel eine dicke Glasscheibe) auf die untere Abdeckung zu legen, um Überschläge zu vermeiden. Hierfür gilt folgende Überlegung: Die Feldstärke an der Oberfläche ist durch (4) bestimmt. Hieran wird durch das Einlegen eines Dielektrikums über der Gegenelektrode nichts geändert. Die Belastung der Luftschicht bleibt die gleiche. Eine Nachrechnung unter Verwendung von (12, 13, 13a, 17) ergibt eine Verkleinerung der Spannung zwischen Folie und Gehäuse. Die Ursache hierfür ist die kleinere Feldstärke in der Isolierplatte nach (6).

Die vorgeschlagenen Maßnahmen machen eine Zündung sehr viel unwahrscheinlicher, schließen diese aber nicht mit Sicherheit aus. Sollten dennoch Zündungen auftreten, müßte versucht werden, das Entstehen hoher Aufladungen durch Maßnahmen zu vermeiden, wie diese unter 3.2.1 angegeben sind.

Beispiel 16. Untersuchungen an Keilriemen.

Bei künstlich leitfähig gemachten Isolierstoffen wie Gummi muß damit gerechnet werden, daß die Leitfähigkeit während des Gebrauchs nachläßt. In einer Anlage soll untersucht werden, ob die dort vorhandenen Keilriemen noch ausreichende Leitfähigkeit besitzen.

Zur ersten Orientierung wird mit einem Feldstärkemeßgerät geprüft, ob sich die Riemen während des Laufens aufladen.
Es zeigt sich folgendes Bild:

Riemen 1, 4 und 7:	keine Aufladung,
Riemen 2, 3 und 8:	starke Aufladung,
Riemen 5 und 6 :	schwache Aufladung,
Riemen 9 :	Aufladung gerade noch nachweisbar.

Aus der Lagerkartei ergibt sich, daß bei Auswechslung des Riemens 3 versehentlich ein nichtleitfähiger Riemen ausgegeben und eingesetzt wurde. Die übrigen Riemen waren nachweislich sämtlich aus leitfähigem Material.

Um den Zustand sämtlicher Riemen zu kontrollieren, wurde die Leitfähigkeit der Riemen im Betriebszustand an den Maschinen gemessen. Die metallischen Riemenscheiben waren geerdet.

Über den Riemenumfang wurden gemäß 2.3.8.4 quer zur Laufrichtung ein Leitsilberstreifen von ca. 1 cm Breite aufgetragen und auf diesen eine Elektrode angeklemmt. Die Elektroden hatten gleichen Abstand zu beiden Riemenscheiben.

Zwischen Elektrode und einer Scheibe wurden die Widerstände gemessen. Dabei ergaben sich folgende Werte:

Riemen	Riemenbreite B_{cm}	Widerstand Ohm	$R \times B$ Ohm cm
1	3	$1 \cdot 10^4$	$3 \cdot 10^4$
2	3	$6 \cdot 10^7$	$18 \cdot 10^7$
3	3	$5 \cdot 10^7$	$15 \cdot 10^7$
4	3	$1 \cdot 10^4$	$3 \cdot 10^4$
5	3	$6 \cdot 10^6$	$1,8 \cdot 10^7$
6	3	$5 \cdot 10^6$	$1,5 \cdot 10^7$
7	3	$1 \cdot 10^4$	$3 \cdot 10^4$
8	3	$6 \cdot 10^{10}$	$18 \cdot 10^{10}$
9	3	$3 \cdot 10^6$	$0,9 \cdot 10^7$

Der zulässige Grenzwert für den Widerstand R_{max} für leitfähige Riemen ergibt sich nach 2.3.8.4 aus $R \cdot B = 10^7$ Ohm · cm. Hiernach müssen die Riemen 2, 3, 5, 6 und 8 auf jeden Fall ausgewechselt werden. Die Auswechslung des Riemens 9 ist zu empfehlen, da zu erwarten ist, daß der Widerstand schnell über den zulässigen Höchstwert steigt.

Es ist zweckmäßig, die Widerstände der Austauschriemen unmittelbar nach dem Einsetzen zu messen und die Widerstände sämtlicher Riemen in genügend kleinen Abständen zu kontrollieren.

4.3. Untersuchung von Zündursachen

4.3.1. Beispiel 17: Verpuffung eines Kunststoffstaubes

Zur Klärung der Verpuffung eines Kunststoffstaubes wurden folgende Messungen durchgeführt:

Isolationswiderstand des Transportbehälters bei nicht angelegtem Magneten gegen Erde: 10^{11} bis 10^{12} Ohm.

Isolationswiderstand des Transportbehälters bei nicht angelegtem Magneten aber aufgelegtem geerdeten Deckel: bis 10^{12} Ohm. Nach Entfernung des Erdungsdrahtes für den Deckel ist dieser durch den PVC-Schlauch mit ebenfalls 10^{11} bis 10^{12} Ohm gegen Erde isoliert. Durch Reibung konnte der PVC-Schlauch bis zu einer Feldstärke von 5 KV/cm aufgeladen werden, wobei allerdings die Zeitkonstante τ nur etwa 1 Sekunde betrug.

Durch Bewegen der Wagen für die Transportbehälter konnten diese bis auf Spannungen von etwa 1000 Volt aufgeladen werden. Es ist durchaus möglich, daß hierbei noch größere Spannungen auftreten.

Deutung der Verpuffung. Die geringen, beim Aufdrehen des Schlauches eventuell herabfallenden, Staubmengen machen es völlig unwahrscheinlich, daß eine Verpuffung vor Öffnen des Schiebers aufgetreten ist. Da nach der Verpuffung im Transportbehälter unverbrannter Kunststoffstaub lag und es feststeht, daß der Behälter nicht über den Magneten geerdet war, hat sich die Verpuffung mit einer an Sicherheit grenzenden Wahrscheinlichkeit auf folgende Weise abgespielt:

Der Arbeiter hat – was selten vorkommen mag – nach Aufsetzen des Ringes vergessen, den Erdungsmagneten anzulegen. Unglücklicherweise lag der Ring so genau konzentrisch auf der Öffnung des Transportbehälters, daß der Behälter auch nicht durch unmittelbaren Kontakt zwischen Ring und Behälter geerdet sondern durch die Gummidichtung isoliert war. Nach den durchgeführten Messungen ist unter diesen Bedingungen ein Isolationswiderstand von 10^{12} Ohm möglich. Durch Öffnen des Schiebers fiel aufgeladener Staub in den Behälter und lud diesen so hoch auf, daß zwischen dem aufgelegten Ring und der Behälteröffnung ein Funken übersprang, der in dem dort vorhandenen zündfähigen Gemisch zur Verpuffung führte. Es mag sein, daß der Transportbehälter (vergleiche die durchgeführten Messungen) bereits aufgeladen war, so daß durch das hereinfallende Produkt diese Ladung erhöht wurde.

Eine weitere denkbare Zündquelle – Entladungen durch den aufgeladenen PVC-Schlauch – ist vergleichsweise äußerst unwahrscheinlich.

Die Erdung des Behälters hätte also mit Sicherheit die Verpuffung verhindert. Über dieses Versäumnis hinaus mußten noch weitere seltene Ereignisse hinzukommen (ungünstige Lage des Deckels, möglicherweise eine bereits vorhandene Aufladung des Behälters).

Folgerungen. Als Schutzmaßnahme bleibt nur übrig, dafür zu sorgen, daß der Schieber erst nach Erdung des Behälters geöffnet werden kann. Die Auflading der Behälterwagen kommt durch die Berührung und Trennung zwischen Rädern und Fußboden zustande. Sie ist unvermeidbar, solange der eine Partner (Fußboden) wegen der Staubablagerung isolierend ist. Ihre Beseitigung ist jedoch überflüssig, da im Raum selbst nie ein zündfähiges Staubluftgemisch vorhanden ist. Vor dem Befüllen ist durch die ohnehin erforderliche Erdung eine Ableitung auch dieser Ladung zu gewährleisten.

Der an einer Stelle versuchsweise aufgetragene Bodenanstrich ist mit einem Oberflächenwiderstand von größer als 10^{12} Ohm und einem Isolationswiderstand von etwa 10^{12} Ohm trotz seiner besseren Reinigungsmöglichkeit ungeeignet. Er isoliert genau so gut wie der ungestrichene, aber mit Kunststoffstaub und Weichmacher verunreinigte Fußboden.

4.3.2. Beispiel 18: Statische Elektrizität als vermutliche Ursache einer Zündung von Leuchtgas ausgeschaltet

Aus einer Gasrohrleitung sollte ein Steckschieber herausgezogen werden, der sich zwischen Rohrleitungsflanschen befand, die mit Rival-Packungen abgedichtet waren. Der Steckschieber war ausgebeult und saß so fest, daß er zwar gedreht aber auch mit Hilfe eines Flaschenzuges nicht gezogen werden konnte. Schließlich wurde versucht, den Schieber durch Schläge mit einem schweren Kupferhammer gegen den Griff zu lockern. Beim zweiten Schlag kam es zur Zündung. Da keine andere Ursache erkennbar war, wurde vermutet, daß sich die Rival-Packung durch die kräftige Reibung elektrostatisch aufgeladen hätte, und daß ein Ausgleichsfunke statischer Elektrizität die Zündursache gewesen sei.

Die Aufladbarkeit des Materials wurde im Laboratorium untersucht. Der Verdacht auf Aufladbarkeit lag nahe, da die Beschaffenheit der Papierumhüllung auf Neigung zur Aufladung schließen ließ. Da Reibversuche mit verschiedenen Materialien erfolglos blieben, wurde die elektrische Leitfähigkeit untersucht.

Zwischen zwei Elektroden wurde ein Widerstand von 0,2 Megohm gemessen. Dieser Wert wurde an mehreren Packungen bestätigt und ist so niedrig, daß durch die beschriebenen Vorgänge keine Aufladungen zustandekommen können.

Es wurde auch geprüft, ob ein aufgeladener Mensch als Zündursache denkbar ist. Die örtlichen Verhältnisse sprechen gegen eine Möglichkeit einer genü-

4. Beurteilung und Beseitigung statischer Elektrizität als Gefahr

gend kräftigen Auflagung der an der Brandstelle hantierenden Menschen. Dieser Punkt wurde nicht weiter verfolgt.

Da elektrostatische Aufladung als Zündursache mit großer Sicherheit ausschied, mußte nach einer anderen Zündquelle gesucht werden. Die Rival-Packungen wurden bei den Lockerungsversuchen für die stramm sitzende Steckscheibe beschädigt. Auf der Steckscheibe wurde eine rillenförmige Kratzspur entdeckt. Daraufhin wurden im Laboratorium die Möglichkeiten einer örtlichen Erhitzung der Rival-Packung durch Reibung untersucht. Es zeigte sich, daß die gewellte Stahlblecheinlage verhältnismäßig leicht einreißt, wenn die Scheibe in geklemmtem Zustand bewegt wird. Aus einem angerissenen Stück der Metalleinlage konnten durch Schlagbewegungen kräftige Spanfunken erzeugt werden, die sehr wahrscheinlich zur Zündung eines Leuchtgas-Luftgemisches ausreichen.

4.4. Beispiel 19: Begehen einer Anlage zum Gummieren von Textilien

Zweck der Begehung war, den Betrieb auf mögliche Gefahren durch statische Elektrizität zu kontrollieren.

Mit Hilfe eines „Ohmtester" (vergleiche 2.3.8.3) wurden die Widerstände der in der Anlage anwesenden Personen zwischen einer Hand (ggf. mit Handschuh) und Erde über die Schuhsohlen gemessen. Die Widerstände lagen
 bei   6 Personen unter 10 Megohm,
 bei 12 Personen über   10 Megohm.

Es wurde festgestellt, daß sieben Personen entgegen der Vorschrift nicht die vom Betrieb gelieferten Sicherheitsschuhe mit leitfähigen Sohlen sondern solche mit Krepp- beziehungsweise Gummisohlen trugen. Bei zwei Personen waaren die Arbeitshandschuhe und bei drei Personen die leitfähigen Schuhsohlen mit einer Schicht aus eingetrockneter Gummilösung überzogen. Mit Hilfe eines Teraohmmeters wurden Widerstände bis zu 10^{11} Ohm gemessen.

Der Fußboden besteht teils aus Beton, teils aus Klinkersteinen und zu einem Teil aus leitfähigem Gußasphalt. Der Ableitwiderstand wurde an verschiedenen Stellen stichprobenweise in Anlehnung an DIN 51 953 gemessen. Bei einer relativen Luftfeuchtigkeit im Raum von 42% wurden Werte zwischen 10^4 und 10^{12} Ohm gemessen.

Unabhängig von der Art des Fußbodens waren stellenweise isolierende Schichten aus Gummilösung vorhanden. Es zeigte sich, daß aus dem Besichtigungsbefund nicht mit Sicherheit vorauszusagen war, welche der Meßstellen befriedigende Ergebnissen zeigen würden. Durch probeweises Entfernen der Isolierschicht, welche nicht immer ohne weiteres erkennbar war, konnte fast stets der Widerstand auf unter 1 Megohm gebracht werden. Bei einem Teil der Klinkersteine waren die Poren so mit Gummilösung angefüllt, daß es nicht gelang, den Widerstand unter den zulässigen Höchstwert zu senken.

An Stellen mit starkem Fahrzeugverkehr mit schweren Lasten war der Asphaltfußboden abgefahren und dessen Widerstand auf Werte bis zu $5 \cdot 10^8$ Ohm angestiegen. An Einzelpunkten und an verschiedenen geschlossenen Flächenteilen wurden Widerstände bis zu 10^{10} Ohm gemessen. Es wurde veranlaßt, daß der Widerstand an allen Stellen auf unter 10 Megohm gebracht wurde.

Unter den Streichmaschinen waren stellenweise Folien aus Kunststoff ausgelegt, um herabtropfende Lösung aufzufangen. Da die Anwesenheit zündfähiger Gemische unter den Maschinen nicht sicher auszuschließen ist, und während des Betriebes an den Maschinen hantiert werden muß, um zum Beispiel Störungen zu beseitigen, wurde dies sofort abgestellt. Es wurde veranlaßt, daß überall da, wo häufig Lösungen tropfen oder verschüttet werden können, Bleche ausgelegt werden, die in regelmäßigen Abständen zu reinigen sind. Sicherheitshalber sollen diese Bleche zusätzlich mit Erde verbunden sein.

An der Abfüllstelle für Benzin aus einem Faß in Eimer und Kannen lag vor dem Holzbottich, auf dem sich das Faß befand, zur Schonung des Fußbodens eine Gummimatte, die ebenfalls durch eine zusätzlich geerdetes Blech ersetzt wurwurde.

Es wurde beobachtet, daß Lösung über einen Metalltrichter in eine Metallkanne im freien Fall umgefüllt wurde. Mit einem Feldstärkemeßgerät wurde festgestellt, daß sich dabei sowohl der Mann, der isolierendes Schuhwerk trug, als auch der Trichter aufluden. Eine Besichtigung und Nachmessung ergab, daß sich eine Isolierschicht an der Außenseite des Trichters gebildet hatte, so daß der Widerstand zwischen Metalltrichter und Metallkanne ca. 10^{12} Ohm betrug.

Mehrere Abfalleimer aus Kunststoff hatten nichtgeerdete Metalldeckel, die entfernt und durch Holzdeckel ersetzt wurden.

Die Absaugungen für die Lösemitteldämpfe in den Trockenkanälen waren zum Teil in unzulässiger Weise gedrosselt worden, so daß ein Teil der brennbaren und gesundheitsschädlichen Dämpfe in den Raum gelangte.

Eine Kontrolle der Spitzenionisatoren in und an den Streichmaschinen ergab, daß bei einem Gerät keine Erdleitung vorhanden war und ein zweites Ge-

112   *4. Beurteilung und Beseitigung statischer Elektrizität als Gefahr*

rät nicht belüftet wurde, so daß die Spitzen bereits stark verschmutzt und unwirksam waren.

Eine Untersuchung der Transportkarren wurde gemäß Beispiel 8 durchgeführt.

Trotz an sich guter Wirksamkeit des Spitzenionisators über der gummierten Bahn vor dem Abwickeln ergaben sich hohe Feldstärken in der Nähe der aufgewickelten Rolle. Ursache war die Ansammlung verhältnismäßig geringer Restladungen innerhalb eines kleinen Volumens. Da die nachträgliche Entladung durch Ionisatoren praktisch nicht durchführbar ist, wurde eine Zwischenlagerung der fertigen Rollen in nichtexplosionsgefährdeten Bereichen veranlaßt, um eine Selbstentladung zu erreichen.

Das Personal wurde im Anschluß an die Begehung eindringlich über die möglichen Folgen der Nichteinhaltung der Vorschriften zur Vermeidung gefährlicher Aufladungen belehrt. Dabei wurde auch auf die besonderen Gefahren durch das (verbotene) Händewaschen in Benzin hingewiesen.

4.5. Beispiel 20: Abschätzung von Zündgefahren aus dem Energieinhalt von Werkstücken beim elektrostatischen Pulverbeschichten

In einer ortsfesten elektrostatischen Sprühanlage sollen Blechtafeln 800 mm x 1500 mm x 0,5 mm allseitig mit Epoxidharz beschichtet werden. Es ist vorgesehen, auf jeder Seite 2, insgesamt 4 Sprühorgane einzusetzen. Im engeren Bereich des Sprühstrahlaustrittes ist mit explosiblem Staub-Luftgemisch zu rechnen.

Der Sicherheitsingenieur macht auf das „Merkblatt für elektrostatisches Pulverbeschichten ZH 1/444", Ausgabe 10. 1971 und auf 5.5.2.2 der „Richtlinien" [1] aufmerksam.

Im Merkblatt heißt es unter II.7. „Anlagen, bei denen die Werkstücke selbsttätig gefördert werden, sind mit Einrichtungen auszurüsten, die jedes in die Sprühkabine oder den Sprühstand einlaufende Werkstück – bei Sammelgehängen mindestens 2 Werstücke – auf seine Erdverbindung prüfen. Stellt die Prüfeinrichtung bei einem Werkstück oder Gehänge einen größeren Erdableiterwiderstand als 10 kΩ fest, so ist das Einlaufen dieses Werkstückes oder Gehänges in die Sprühkabine oder den Sprühstand zu verhindern, z. B. durch automatisches Stillsetzen des Förderers".

Abschätzung von Zündgefahren 113

Unter 5.5.2.2 der „Richtlinien" heißt es in den beiden letzten Absätzen: „Erfolgt der Transport der Werkstücke durch die Sprühkabine mittels einer Förderanlage, so muß über ihre Werkstückaufnahmepunkte (Haken, Ösen, Auflagen oder Mitnehmer) die sichere Erdung der Werkstücke während ihres ganzen Laufes durch die Sprühkabine gewährleistet sein. Der Übergangswiderstand zwischen Werkstückaufnahmepunkt und Erdungsanschluß des Hochspannungserzeugers darf 10^4 Ohm nicht übersteigen.
Beim elektrostatischen Pulverbeschichten ist zusätzlich 5.4 und 3.3.3 zu beachten."

Der Betriebsingenieur beruft sich auf 2.10 der „Richtlinien". Dort heißt es: „Elektrostatisch geerdet (im folgenden auch kurz geerdet genannt) sind Gegenstände aus leitfähigen Stoffen, deren Ableitwiderstand gegen Erde nicht größer als 10^6 Ohm ist. Personen und Gegenstände mit Kapazitäten C kleiner als etwa 100 pF sind geerdet, wenn ihre Entladezeitkonstante $R \cdot C$ kleiner als etwa 10^{-2} Sekunden ist. (s. auch 4.3.1)."

Es wird beschlossen abzuschätzen, wie hoch der Grenzwert von 10 kΩ überschritten werden darf, ohne daß mit einer ernstlichen Erhöhung der Zündgefahr gerechnet werden muß.

Folgende Voraussetzungen liegen vor: Der maximale Generatorstrom ist durch Schaltungsmaßnahmen auf 1 mA begrenzt. Die Klemmspannung beträgt dabei 100 kV, es handelt sich um ein Konstantstromsystem gemäß 1.2.5.2.2. Es kann abgeschätzt werden, daß die Kapazität der Werkstücke gegen die geerdeten Anlagenteile höchstens 50...100 pF beträgt. Sicherheitshalber wird mit 100 pF gerechnet.

Der spezifische Widerstand der Epoxidharzbeschichtung wird mit $\gamma = 10^{13}$ Ω cm angenommen. Dies wird durch Messung des Durchgangswiderstandes einer Schicht von d = 70 μm zwischen geeigneten Elektroden bestätigt.

Die Mindestzündenergie des Pulvers beträgt 15 mWs; als höchst zulässiger Energieinhalt der Werkstücke werden vorsichtshalber 5 mWs angesetzt. Die Dicke der Pulverschicht soll etwa 70 μm betragen.

An der Oberfläche der Werkstücke beträgt der Durchmesser jedes Sprühstrahles ca. 40 cm. Hieraus errechnet sich der Querschnitt der Fläche für den Sprühstrom durch die Pulverschicht zu $A = 4 \cdot 20^2 \pi \approx 5000$ cm^2.

Mit den genannten Werten für ς, d und A wird im Bereich des Sprühstromes (Ladestromes) I_L der Durchgangswiderstand der aufgesprühten Pulverschicht zunächst zu

$$R_D = \frac{\varsigma \cdot d}{A} = \frac{10^{13}\ \Omega\,\text{cm} \cdot 70 \cdot 10^{-4}\ \text{cm}}{5000\ \text{cm}^2} = 14 \cdot 10^6\ \text{Ohm}$$

angesetzt.

Geht man zunächst davon aus, daß der gesamt Sprühstrom auf das Werkstück auftrifft und über die Werkstückaufnahmepunkte der Förderanlage zum Erdungsanschluß des Hochspannungserzeugers zurückfließt, dann erhält man im Gleichgewichtszustand aus (29) die Spannung des Werkstückes (sein Potential) gegen Erde.

Die Spannung des Werkstückes kann nicht höher steigen als bis zur Klemmenspannung des Generators. Mit R_{E_1} als Erdableiterwiderstand des Werkstückes über die Aufhängung und die Förderanlage ergeben sich für $I_{E_1} = I_L = 1$ mA zu Beginn der Beschichtung bzw. ohne Berücksichtigung des Spannungsabfalles in der Pulverschicht folgende Verhältnisse:

R_{E_1}	10^4	10^5	10^6	10^7	10^8	$> 10^8$	Ohm
$U_{\text{Werkstück}}$	10	10^2	10^3	10^4	10^5	$10^5\ (U_{\text{max}})$	Volt

Mit wachsender Dicke der Pulverschicht nimmt deren Durchgangswiderstand R_D zu. Das Potential des Werkstückes ergibt sich aus der Spannungsteilung durch die Serienschaltung von R_D und R_{E_1} aus (28a), wenn weiter $I_{E_1} = I_L = 1$ mA gesetzt wird.

Bei einer Schichtdicke $d = 70\ \mu$m, einem Querschnitt $A = 5000\ \text{cm}^2$ für den Sprühstrombereich I_L und einem spezifischen Widerstand der Pulverschicht $\varsigma = 1 \cdot 10^3\ \Omega\,\text{cm}$ wird

$$R_D = \frac{1 \cdot 10^{13}\ \Omega\,\text{cm} \cdot 10^{-4}\ \text{cm}}{5 \cdot 10^3\ \text{cm}^2} = 1{,}4 \cdot 10^7\ \text{Ohm}$$

≙ 14 Megohm.

Bei gut geerdetem Werkstück (z.B. $R_{E_1} \leq 10^4$ Ohm) liegt praktisch der gesamte Spannungsabfall in der Pulverschicht. Bei maximal möglichem Potential der Oberfläche wird nach (9) die Feldstärke in der Schicht

$$E = \frac{10^5 \text{ V}}{70 \cdot 10^{-4} \text{cm}} \approx 1{,}4 \cdot 10^7 \text{ V/cm}.$$

Dies ist fast das Fünfhundertfache der Durchschlagfeldstärke der Luft nach (7). Dieser Wert wird nicht erreicht. In der verhältnismäßig losen Pulverschicht befinden sich Lufteinschlüsse und -Kanäle. Die Schicht wird bereits vorher an zahlreichen Stellen durchschlagen. Setzt man — was zulässig sein dürfte — die maximal mögliche Feldstärke in der Pulverschicht etwa gleich dem Doppelten der Durchschlagfeldstärke der Luft, dann wird die Potentialdifferenz zwischen der Pulveroberfläche und dem Werkstück maximal 60 kV/cm · 70 · 10^{-4}cm = 420 V.

Ein Teil der aufgesprühten Ladungen wird zurückgesprüht, so daß der Entladestrom I_E aufgeteilt wird in den Erdungsstrom I_{E_2} und den Rücksprühstrom I_{E_1}. $I_{E_2} \cdot I_{E_1}$ und R_{E_1} können zuverlässig gemessen werden. Aus dem Produkt ergibt sich das Potential des Werkstückes, welches auch mit Hilfe eines elektrostatischen Voltmeters gemessen werden kann. Es ist zu erkennen, daß mit zunehmendem Erdableiterwiderstand der Spannungsabfall in der Pulverschicht immer mehr vernachlässigt werden kann. Dies gilt insbesondere für sehr hochohmige Ableiterwiderstände. Dies käme noch deutlicher zum Ausdruck, wenn man eine Spannungsteilung aus den Kapazitäten der Pulveroberfläche gegen das Werkstück und des Werkstückes gegen Erde ansetzen würde. Mit Rücksicht auf die zu wenig definierten Verhältnisse erscheint es aber nicht angebracht, eine kapazitive Spannungsteilung rechnerisch zu betrachten.

Für die Berechnung des Energieinhaltes W der auf dem Werkstück gespeicherten Ladungsmenge gilt (18). Mit $C = 100$ pF und $I_E = 1$ mA ergeben sich für verschiedene Ableitwiderstände aus $W = \frac{1}{2} CU^2$ folgende Werte:

R_E Ohm	$U_{\text{Werkstück}}$ Volt	W mWs
10^4	10	$5 \cdot 10^{-6}$
10^5	10^2	$5 \cdot 10^{-4}$
10^6	10^3	$5 \cdot 10^{-2}$
10^7	10^4	5
10^8	10^5	$5 \cdot 10^2$

4. Beurteilung und Beseitigung statischer Elektrizität als Gefahr

Bei $R_E = 10^7$ Ohm wird der als maximal zulässig angesetzte Energieinhalt von 5 mWs mit einer Spannung des Werkstückes gegen Erde von 10 kV erreicht. Zur Vermeidung von Fehlhandlungen infolge Erschreckens beim Berühren der Werkstücke sollte deren Spannung nicht höher als 1 kV sein. (Vgl. 1.4.4.). Der Energieinhalt des Werkstückes beträgt bei dieser Spannung nur 1 % des zulässigen Grenzwertes. Der Energieinhalt der aufgeladenen Pulverschicht braucht nicht berücksichtigt zu werden, da dieser nur zwischen der Oberfläche der Schicht und dem Werkstück wirdksam wird. Durch die Ionisation der Lufträume innerhalb der Schicht findet eine laufende Selbstentladung in Richtung Werkstück statt.

Da es hiernach unbedenklich erscheint, den Grenzwert für den Ableitwiderstand der Werkstücke auf 1 Megohm festzusetzen, wird beschlossen, hierfür die Genehmigung der zuständigen Berufsgenossenschaft zu beantragen. Der Widerstand liegt weit unterhalb des Wertes, der sich bei der Berechnung aus der Zeitkonstanten gemäß 4.3.1 der „Richtlinien" ergibt. Hiernach wären 10^8 Ohm zulässig. Die Berechnung aus der Zeitkonstanten ist hier nicht anwendbar, da bei dieser kleinere Spannungsgleichgewichte durch sehr viel niedrigere Ladeströme vorausgesetzt sind.

Es ist zu erkennen, daß bei kleinerem Ladestrom I_L oder kleinerem Entladestrom über die Förderanlagen (also stärkeres Absprühen) auch höhere Ableitwiderstände zulässig sind. Es wird empfohlen, bei diesen Betrachtungen sicherheitshalber stets $I_{E_1} = I_E = I_L$ zu setzen, da das Rücksprühen u. a. sehr stark von der Form der Werkstücke abhängt. Als allgemeine Empfehlung gilt schließlich die Beachtung der Regeln 2, 4, 5, 6, 7, 8 und 10.

5. Literaturverzeichnis

[1] Richtl. Nr. 4 der Berufsgenossenschaft der Chemischen Industrie „Statische Elektrizität", Verlag Chemie, Weinheim, Neufassung 1971.
[2] L. B. Loeb: Static Electrification; Springer-Verlag, Berlin 1958.
[3] A. Coehn: Wied. Ann., 54, 217, 1898 – A. Coehn u. U. Raydt: Ann. d. Phys. 30, 777, 1909.
[4] Static Electrification; Brit. J. appl. Physics. Suppl. 2, The Institute of Physics, London SW 1, 1953.
[5] K. Nabert u. G. Schön: Sicherheitstechnische Kennzahlen brennbarer Gase und Dämpfe, 2. erw. Auflage, Deutscher Eichverlag, Berlin 1963.
[6] Verordnung über die Errichtung und den Betrieb von Anlagen zur Lagerung, Abfüllung und Beförderung brennbarer Flüssigkeiten zu Lande (Verordnung über brennbare Flüssigkeiten – VbF) vom 18. Februar 1960; Arbeitsschutz Nr. 2 (Sonderdruck) 1960.
[7] Verordnung über Anforderungen, insbesondere technischer Art, an Anlagen zur Lagerung, Abfüllung und Beförderung brennbarer Flüssigkeiten zu Lande – TVbF – 10. Sept. 1964, BGB 1. I 717 (Ergänzung zur Verordnung über brennbare Flüssigkeiten – VbF – vom 18. Febr. 1960, BGB 1. I S. 83).
[8] VDE 0105 Bestimmungen für den Betrieb von Starkstromanlagen, Teil 9 Sonderbestimmungen für den Betrieb von elektrischen Anlagen in explosionsgefährdeten Betriebsstätten.
Teil 11 Sonderbestimmungen für den Betrieb von elektrischen Anlagen im Bergbau.
0107 Bestimmungen für das Errichten elektrischer Anlagen in medizinisch genutzten Räumen.
0165 Bestimmungen für die Errichtung elektrischer Anlagen in explosionsgefährdeten Betriebsstätten.
0166 Vorschriften für die Errichtung elektrischer Anlagen in explosivstoffgefährdeten Betriebsstätten.
0170 Teil 1/12. 70 Bestimmungen für schlagwettergeschützte elektrische Betriebsmittel.
0171 Teil 1/12. 70 Bestimmungen für explosionsgeschützte elektrische Betriebsmittel.
0303 Teil 8/ . . . 72 Entwurf 2 Bestimmungen für elektrische Prüfungen von Isolierstoffen.
Teil 8 Beurteilung des elektrostatischen Verhaltens.
0750 Bestimmungen für elektromedizinische Geräte.
[9] K. Ditgens u. A. Hagen: Verordnung über elektrische lagen in explosionsgefährdeten Räumen; Carl Heymanns Verlag, Köln, Berlin, Bonn 1964.

5. Literaturverzeichnis

[10] Elektrische Anlagen in Ex-Räumen (Anwendung der VDE 165); Hauptverband der gewerblichen Berufsgenossenschaften, Zentralstelle für Unfallverhütung Bonn 1962.
[11] A. Klinkenberg u. J. V. D. Minne: Electrostatics in the Petroleum Industry Elsevier Publ. Com., Amsterdam 1958.
[12] F. Kohlrausch: Praktische Physik; 3. Bde., 22. Aufl. Verlag Teubner, Stuttgart 1968.
[13] R. Strigel: Ausmessung von elektrischen Feldern; Verlag G. Braun, Karlsruhe 1949.
[14] G. Glock: Explosionsgefahren und Explosionsschutz in Betriebsstätten; Verlag Chemie, Weinheim 1961.
[15] Explosible Stoffe und Gemische; Farbwerke Höchst, Frankfurt, 2. Aufl. 1958.
[16] H. Freytag: Raumexplosionen durch statische Elektrizität; Verlag Chemie, Weinheim 1951.
[17] H. Freytag: Handbuch der Raumexplosionen; Verlag Chemie, Weinheim 1965.
[18] H. Maskow: Explosionsschutz, Umschau *21*, 647, 1956
[19] H. Selle u. I. Zehr: Kennzahlen brennbarer technischer Stäube; Die Berufsgenossenschaft, H. 3, 91, 1955.
[20] E. Wehner: Über explosionstechnische Untersuchungen an industriellen Stäuben; Staub, H. 38, 571, 1954
[21] M. Konschak u. P. Voigtsberger: Untersuchungen über die elektrostatische Aufladung von Gasen; Arbeitsschutz, H. 8, 196, 1961.
[22] H. Hanel: Über die Entzündlichkeit und Explosionsgefährlichkeit von Industriestäuben; Die Technik *11*, 785,1956.
[23] I. Hartmann, J. Nagy u. H. Brown: Inflammability und Explosibility of Metal Powders; Rep. of Invest. 3722, Bureau of Mines 1963.
[24] I. Hartmann u. J. Nagy: Inflammability und Explosibility of Powders used in the Plastics Industry; Rep. of Invest. 3751, Bureau of Mines 1944.
[25] B. Lewis u. G. v. Elbe: Combustion, Flames and Explosions of Gases, 2. Aufl., Academic Press Inc., New York, London 1961.
[26] A National Safety Council, Technical Service, SAFETY NEWS, 1964 − Deutsche Übersetzung: Merkblatt 547, Statische Elektrizität, zu erfragen bei der Hauptverwaltung der Berufsgenossenschaft der Chemischen Industrie.
[27] H. Hull, J. Apl. Physics *20*, 1157, 1949.
[28] H. F. Schwenkhagen, Melliand Textilber. *34,* 1182, 1953.
[29] Kunststoff-Prüfbestimmungen BVOSt 7, Oberbergamt Dortmund.
[30] DIN 51953 Prüfung von Fußbodenbelägen; Prüfung der Ableitfähigkeit für elektrostatische Ladungen.

Literaturverzeichnis 119

[31] L. B. Loeb: Electrical Coronas; University of California Press, Berkeley and Los Angeles 1965.
[32] W. Kluge: Schadensfälle durch berührungs- und reibungs-elektrische Aufladungen; Werkstatttechnik und Maschinenbau 46, 168, 1956.
[33] G. Heyl u. G. Lüttgens: Prüfapparatur für das elektrostatische Aufladungsverhalten von Kunststoff-Platten, -Folien und -Geweben; Kunststoffe 56, 51, 1966.
[34] Brennbare Industriestäube, Forschungsergebnisse; VDI-Bericht 19, VDI-Verlag Düsseldorf 1957.
[35] Static Electrification; Conference Series Nr. 4, The Institute of Physics and The Physical Society, London SW 1, 1967.
[36] Gesetz über Einheiten im Meßwesen vom 2. Juli 1969; Bundesgesetzblatt Nr. 55, 709, 1969.
[37] Ausführungsverordnung zum Gesetz über Einheiten im Meßwesen vom 26. Juni 1970; Bundesgesetzblatt Nr. 62, 981, 1970.
[38] F. Abke und G. Satlow: Prüfverfahren zur Bestimmung des elektrostatischen Verhaltens textiler Fußbodenbeläge; Textil-Industrie, H. 8, 618, 1970.
[39] Advances in Static Electricity Vol. 1-Proceedings of the 1st International Conference on Static Electricity, Wien, Mai 1970; Auxilia S.A. Brüssel.
[40] Static Electrification, Conference Series Nr. 11; The Institute of Physics, London and Bristol, 1971.
[41] G. Bittner: Explosionsschutz von elektrischen Betriebsmitteln – Allgemeine Übersicht; Archiv für technisches Messen (ATM), Blatt J 0117 - 4, 241, 71.
[42] A. D. Moore: Elektrostatik; Verlag Chemie 1972
[43] E. Heidelberg: Entladungen an elektrostatisch aufgeladenen, nichtleitfähigen Metallbeschichtungen; PTB-Mitteilungen, H. 6, 440, 1970.
[44] H. Olenik, H. Rentzsch und W. Wettstein: Handbuch für Explosionsschutz; Brown, Boveri & Cie. AG, Mannheim im Verlag Girardet Essen, 1971.
[45] A. Koldewei: Elektrostatische Aufladung an Kunststoffen; Kunststoffberater, H. 12, 983, 1968.
[46] DIN 53 486 Prüfung von Kunststoffen, Kautschuk, Gummi und anderen elektrischen Isolierstoffen, Beurteilung der elektrostatischen Eigenschaften, Entwurf Dezember 1971.
[47] DIN 54 345 Blatt 1 Prüfung von Textilien, Beurteilung des elektrostatischen Verhaltens, Bestimmung elektrischer Widerstandsgrößen Juli 1972
[48] DIN 1 301 Einheiten – Einheitennamen, Einheitenzeichen, November 1971.

H i n w e i s: Weitere Quellen
insbesondere über ältere Grundlagenliteratur, in [2]

insbesondere über Aufladungen im Zusammenhang mit brennbaren Flüssigkeiten und Gasen in [17],
insbesondere über Aufladungen im Zusammenhang mit brennbaren Stäuben in [34].
Der Band enthält folgende Beiträge:
H. Freytag: Forschungsergebnisse auf dem Gebiet brennbarer Industriestäube
F. Broihan: Neuere Versuchsergebnisse über die elektrostatische Aufladung und die Zündung von Stäuben nach englischen und amerikanischen Arbeiten
J. Zehr: Die physikalische Kennzeichnung der Staubeigenschaften
H. Selle: Die chemischen und physikalischen Grundlagen der Verbrennungsvorgänge von Stäuben
H. Selle: Die Grundzüge der Experimentalverfahren zur Beurteilung brennbarer Industriestäube
K. H. Mirgel: Elektrostatische Aufladung von Stäuben
H. Haase u. W. Meyer: Elektrostatische Aufladungen und Staubzündungen
J. Zehr: Anleitung zu den Berechnungen über die Zündgrenzwerte und die maximalen Explosionsdrücke
F. Broihan: Über explosionstechnische Untersuchungen an industriellen Stäuben
H. Selle u. J. Zehr: Experimentaluntersuchungen von Staubverbrennungsvorgängen und ihre Betrachtung vom reaktionsthermodynamischen Standpunkt
E. Wehner: Das Explosionsvermögen von Steinkohlenbrikettstäuben
W. Gliwitzky: Arbeiten über Staubbrände und Staubexplosionen in der früheren Chemisch-Technischen Reichsanstalt
W. H. Geck: Referat über Erfahrungsberichte

6. Formelregister

$$U = I \cdot R \tag{1}$$

$$Q = \int I \cdot dt, \tag{2}$$

$$Q = I \cdot t. \tag{2a}$$

$$\sigma = Q/A; \text{ z.B. in As/m}^2 \tag{3}$$

$$\sigma = \epsilon_0 \cdot E. \tag{4}$$

$$D = \epsilon_0 E \tag{4a}$$

$$\epsilon_0 = 8{,}86 \cdot 10^{-12} \text{ As/Vm} \tag{5}$$

$$\int D dA = Q,$$

$$\sigma = \epsilon_0 \cdot \epsilon_r \cdot E. \tag{6}$$

$$E_{\text{Luft}_{\max}} = 3 \cdot 10^6 \text{ V/m}. \tag{7}$$

$$\sigma_{\max} = 26{,}6 \cdot 10^{-6} \text{ As/m}^2. \tag{8}$$

$$E = \frac{U}{s}, \text{ z.B. in V/m}, \tag{9}$$

$$E = \frac{dU}{ds}. \tag{9a}$$

$$U = \int E \cdot ds. \tag{9b}$$

$$Q = \frac{\epsilon_0 \cdot \epsilon_r \cdot A}{s} \cdot U \tag{10}$$

$$\frac{\epsilon_0 \cdot \epsilon_r \cdot A}{s} = C \tag{11}$$

$Q = C \cdot U;$

$$C = \frac{Q}{U} \text{ z.B. in As/V.} \tag{12}$$

$$C_1 \cdot U_1 = C_2 \cdot U_2 \tag{13}$$

$$\frac{U_1}{U_2} = \frac{C_2}{C_1}. \tag{13a}$$

$$C = \frac{\epsilon_0 \cdot \epsilon_r \cdot 2\pi \cdot l}{\ln \frac{r_2}{r_1}} \tag{13b}$$

$$C_{Zyl} \approx \frac{h}{2}, \tag{14}$$

$$C_{Mensch} \approx 100 \text{ pF.} \tag{15}$$

$$C_{Mensch} \approx 200 \text{ pF,} \tag{15a}$$

$$C_g = C_1 + C_2 + C_3 + \ldots + C_n, \tag{16}$$

$$\frac{1}{C_g} = \frac{1}{C_1} + \frac{1}{C_2} + \frac{1}{C_3} + \ldots + \frac{1}{C_n}. \tag{17}$$

$$W = \frac{1}{2} C \cdot U^2 = \frac{1}{2} Q \cdot U = \frac{1}{2} \cdot \frac{Q^2}{C} \tag{18}$$

$$Q = \int \rho \cdot dV. \tag{19}$$

$$W = \frac{1}{2} \cdot E \cdot D \cdot V \tag{20}$$

Formelregister 123

$$W = \frac{1}{2} \int E \cdot D \cdot dV. \tag{21}$$

$$F = \frac{dW}{ds} = \frac{d(Q^2/2C)}{ds} = \frac{Q}{C} \cdot \frac{dQ}{ds} = \frac{Q}{C} \cdot \frac{C \cdot dU}{ds} = Q \cdot E.$$

$$F = Q \cdot E. \tag{22}$$

$$U = U_0 (1 - e^{-\frac{t}{R \cdot C}}) = U_0 (1 - e^{-\frac{t}{\tau}}). \tag{23}$$

$$Q = Q_0 (1 - e^{-\frac{t}{\tau}}). \tag{23a}$$

$$\tau = R \cdot C \tag{24}$$

$$I_L = \frac{U_0}{R} \cdot e^{-\frac{t}{\tau}} = I_0 \cdot e^{-\frac{t}{\tau}}. \tag{25}$$

$$U = U_0 \cdot e^{-\frac{t}{\tau}} \tag{26}$$

$$I = \frac{U_0}{R} \cdot e^{-\frac{t}{\tau}} = I_0 \cdot e^{-\frac{t}{\tau}} \tag{26a}$$

$$Q = Q_0 \cdot e^{-\frac{t}{\tau}} \tag{26b}$$

$$T_E - 5\tau - 5 \cdot R \cdot C \tag{27}$$

$$U_C = \frac{R_E}{R_L + R_E} \cdot U_0 \; (1 - e^{-\frac{t}{R \cdot C}}) \tag{28}$$

$$U_C = \frac{R_E}{R_E + R_L} \cdot U_0 \tag{28a}$$

$$U_C = I_L \cdot R_E. \tag{29}$$

$$5\tau = \frac{5 \cdot \epsilon_0 \cdot \epsilon_r}{\gamma} \tag{30}$$

$$E_2 = \frac{\sigma}{\epsilon_0 (1 + \frac{s_2}{s_1})}, \tag{31a}$$

$$\sigma = (1 + \frac{s_2}{s_1}) \cdot \epsilon_0 \cdot E_2 \tag{31b}$$

$$E = (1 + \frac{s_2}{s_1}) \cdot E_2. \tag{31c}$$

$$\rho = \frac{6 \cdot \epsilon_0 \cdot E}{c} \tag{32a}$$

$$\rho = \frac{2 \cdot \epsilon_0 \cdot E}{h} \tag{32b}$$

$$C_x = C_p \frac{U_2}{U_1 - U_2}$$

$$\epsilon_r = \frac{C_M}{C_L}$$

$$I_L = \sigma \cdot b \cdot v, \tag{33}$$

$$R_{E_{max}} = \frac{1}{I_{L_{max}}} \sqrt{\frac{\text{Mindestzündenergie}}{5\,C}} \tag{34}$$

7. Stichwortverzeichnis

Abfalleimer 11
Ableitstrom 52
Ableitungsmaßnahmen 55, 60
Ableitwiderstand 36, 60, 79, 113
Abpacken 37
Abschirmkäfig 58
Absprühen 30
Abstandsänderungen 50
Abstoßung 50
Acetylen 37, 42, 44, 78
Äquipotentialflächen 19
Äquipotentiallinien 19, 55
Aerosole 49
Alphastrahlen 73
Anstrichmittel 78
Antistatik-Tücher 73
Anziehung 50
Armaturen 46, 81
Atmosphäre 49
Atom 15, 36, 37
Atomlage 36
Aufladung 26, 32, 34, 37, 47, 51, 70, 71
Auflösungsvermögen 32
Aufsprühen 19, 30, 31
Ausschütten 37

Basiseinheiten 17
Basisgrößen 17
Behälter 78, 81, 89, 90, 93
Bekleidung, isolierende 37
Benzin 37, 72, 97, 98, 111
Benzinrückgewinnung 94
Bereiche, explosionsgefährdete 47
Bereifung 72
Bergbau 67, 75
Betriebsmittel, elektrische 42, 43
Betriebsstätten 77
Bleche 111, 112

Blitzableiter 83
Bohnerwachs 78
Büromaschinen, elektrische 87
Büschelentladungen 20, 45, 46

Coehnsche Regeln 35, 36

Dampf 39, 40, 41
Dampfdruck 43
Dampf-Luftgemisch 40, 45, 84, 86, 94, 111
Dichte 39
Dielektrikum 18, 63, 106
Dielektrizitätszahl 18, 34, 59
Diffusionskoeffizient 41
Doppelschichten, elektrische 33
Drahtkäfig 58
Düsen 46
Durchgangswiderstand 113, 114
Durchschlagfeldstärke 18, 20, 24, 29, 36, 50, 115

Einheitensystem, internationales 17
Elektrometer 51
Elektronen 15, 16, 33, 34, 36
Elektronengas 15
Elektronenmangel 34
Elementarladung 15, 16, 36
Energieabschätzung 71
Energieinhalt 23, 24, 32, 112, 115
Entladestrom 116
Entladevorgang 24, 29, 30, 31, 51
Entladewiderstand 27
Entladezeit 27, 87
Entladezeitkonstante 113
Entladung 26, 27, 28, 31, 46
Entladungskreis 44

7. Stichwortverzeichnis

Epoxidharz 112
Epoxidharzbeschichtung 113
Erdableiterwiderstand 72, 115
Erdölprodukte 64
Erdpotential 19
Erdung 31, 46, 71, 79, 86, 112, 113
Erstarrungspotential 33
explosibel 40, 69, 77
Explosionsbereich 40
Explosionsdruck 41
Explosionsgefahr 39
Explosionsgrenze 40
Explosionsgruppe 42, 43
Explosionsklasse 41, 43

Färbemittel 73
Farad 22
Farbstoff 101
Fassungsvermögen 22
Feinstruktur 32, 52
Feld 17, 21
Feld, elektrisches 16, 19, 38
Feldbild 20
Feldgrenze 22
Feldkonstante, elektrische 18
Feldkräfte 16, 18, 23, 45
Feldlinien 16, 19, 20, 21, 55
Feldrichtung 19, 21, 36, 38, 53, 115
Feldstärke 18, 20, 21
Feldstärkeabhängigkeit 32
Feldstärkemeßgerät 52, 84, 88, 106
Feldstärkemessung 18, 23, 51, 53, 54, 55, 95, 99
Feldverlauf 18, 32, 53, 55
Feldverzerrung 20, 32, 50, 55, 81, 85, 93
Feuchtigkeit 49, 70, 78
Feuergefährlichkeit 40
Flächenladung 46, 54

Flächenladungsdichte 17, 18, 29, 32, 54, 57
Flammen 39
Flammenfortpflanzungsgeschwindigkeit 40
Flammpunkt 40, 43
Flaschenzug 94, 109
Flüssigkeit 37, 43, 46, 51, 59, 60, 63, 90, 96
Flüssigkeitszerstäubung (Lenard-Effekt) 33, 37
Flugzeuge 64, 79
Förderer 112, 113
Förderung, pneumatische 37, 102
Folien 30, 32, 46, 47, 54, 58, 78, 81, 91, 95, 103, 111
Fremdbelüftung 75
Fremdschichten 80
Fremdzündung 40
Funken 35, 39, 44, 90
Funkenüberschlag 20, 29, 30, 45
Fußbekleidung 65, 80, 87
Fußboden 37, 72, 79, 86, 87, 92, 109
Fußböden, Ableitfähigkeit von 64, 65

Galvanometer 62, 63, 91
Gammastrahlen 73
Gase 37, 39, 40, 41, 58, 69
Gasgemische 40, 45, 46
Gasstrom 46
Gaswerk 78
Gefahrklasse 43
Gefäße 90, 92
Gemische, explosible 39, 69
Generatorstrom 113
Gesamtladungsmenge 23
Gewerbeaufsichtsamt 69
Gewitterblitz 100
Gitterbausteine 15
Gitterrost 80, 87, 90
Glasstäbe 35

Gleichgewichtszustand 33
Gleitmittel 73
Gleitstielbüschel 45, 47
Glyzerin 73
Graphit 60, 72
Grenzspaltweiten 41, 43, 44
Gummi 31, 37, 72, 106
Gummilösung 64, 89, 91, 96, 110

Handschuhe 65, 80, 110
Harz 92, 93
Hochspannungserzeuger 113, 114
Hochspannungs-Sprühelektroden 73
Hochspannungs-Sprühstäbe 61
Hochfrequenzschwingungen 51
Hüllfläche 18
hydrophil 73
hydrophob 73

Imprägniermittel 73
Influenz 33, 37, 38, 88
Influenzladung 35, 88
Influenzsonde 52
inhomogenes Feld 21, 24
Ionisation 73
Ionisationsgerät 47
Ionisatoren 62, 63, 94
Ionisierung von Gasen 33
Ionenwanderung 16
Isolationsvermögen 18, 34
Isolatoren 34
Isolierstoffbahnen 103
Isolierstoffe 25, 29, 31, 46, 57, 61, 67, 80, 91

Kalander 94
Kästchenmethode 19
Kanister 81
Kannen 81, 111
Kapazität 21, 22, 23, 45, 46, 48, 115

Kapazitätsmessung 59
Karmin 53
Keilriemen 106
Klebstoff 92
Kohlensäure 37
Kohlenwasserstoffe 44
Koks 72
Kondensatoren 22, 23, 25, 26, 27, 28, 29, 45, 52, 63
Konstantspannungssystem 25
Konstantstromsystem 113
Konschak 100
Korona-Entladungen 46, 73
Kranhaken 94
Krümmer 46
Kunststoff 31, 37, 67, 81, 111
Kunststoffstaub 107
Kupferleitung 91
Kurbelinduktor 60

Lacke 64, 78, 90
Ladespannung 26, 27
Ladestrom 26, 62
Ladevorgang 24, 27, 30, 31
Ladewiderstand 27
Ladung 15, 16, 17, 22, 23, 25, 28, 30, 31, 32, 51
Ladungsansammlung 37, 46, 71
Ladungsausgleich 32, 34, 45, 69, 75
Ladungsdichte 19, 23, 31, 36, 50, 57
Ladungsentstehung 33
Ladungsmengen 15, 17, 18, 19, 22, 26, 27, 51
Ladungsträger 15, 33, 50
Ladungstrennung 16, 31, 33, 34
Ladungsverteilung 17, 19, 31, 32, 35,
Ladungsverschiebung 37
Läufer 80
Lageänderungen 50

7. Stichwortverzeichnis

Lagerräume 72
Leiter 18, 30, 32, 34, 38, 46, 51, 57, 79, 105
Leiteranordnungen 21, 22, 25, 32
Leitfähigkeit 15, 31, 34, 35, 36 63, 67, 78
Leitfähigkeitsanzeiger 64
Leitfähigkeitspapier 55
Leitsilber 60, 67, 107
Lenard-Effekt 33
Leuchtgas 109
Lufteinschlüsse 115
Luftfeuchtigkeit, relative 50, 65, 70, 78, 89
Luftionisation 30
Luftkondensator 60
Lycopodium 53

Matten 80
Mennige 53
Meßbrücken 59
Metalle 36
Metallfarben 78, 103
Metalltrichter 82, 111
Methylviolett 53
Mindestfeldstärke 75
Mindestladungsmenge 45
Mindestzündenergie 40, 44, 45, 71, 86, 113
Molekulargewicht 40
Molekül 15

Nachweisverfahren 50
Nebel 30, 39
Nebelwolken 40, 46, 58, 81
Nichtleiter 30, 31, 32, 34, 46

Oberfläche 17, 31
Oberflächenleitfähigkeit 70
Oberflächenwiderstand 31
Ohmsches Gesetz 17
Ohmtester 81

Papier 31, 37
Personenaufladung 65, 88
Pflegemittel 73, 80
Plakate 78
Platten 60
Plattenkondensator 22, 60
Polarität 16, 19, 20, 21, 31, 32, 38, 51, 52, 62
Potential 19, 114, 115
Potentialdifferenz 21, 115
Probekörper 55
Prüfeinrichtung 112
Prozesse, elektrolytische 33
Pulver 53, 113
Pulverbeschichten 112, 113
Pulvermethode 52
Pulveroberfläche 115
Pulverschicht 113, 114, 115

radioaktiv 62, 63
Räume, explosionsgefährdete 35
Raumladung 46, 58
Raumladungsdichte 61
Reibung zweier Körper 35
Reinigung, chemische 37
Relativmessungen 48
Riemen 107
Rival-Packung 109
Röntgenstrahlen 73
Rohrleitungen 37, 46, 81, 96
Rohrleitungsflansche 109
Rohrstutzen 71
Rolle 36
Rotationsdruckmaschine 84
Rücksprühen 16
Rücksprühstrom 115
Rückstrom 34, 36
Rührwerk 96
Ruß 72

Sattdampftemperatur 44
Schemel 80, 87

Stichwortverzeichnis 129

Schläuche 72, 81
Schmelzpunkt 40
Schneiden 46
Schock 48
Schrauben 46
Schuhcreme 78
Schuhsohlen 92, 110
Schutzgas 50, 98, 105
Schutzhandschuhe 65, 66
Schwadenbildung 78
Schwefel 53
Schwefelkohlenstoff 42, 44
Schwenkhagen 52, 61
Selbstentladezeit 32
Selbstentladung 32, 116
Selbstentzündung 39
Selbsterwärmung 39
Sicherheitsingenieur 112
Siedepunkt 40
SI-Einheiten 17, 18
Sonde 55
Spalt 41
Spaltlänge 43
Spannung 16, 17, 19, 24, 26, 27, 38, 51
Spannnungsgleichgewicht 29, 62, 63, 65, 71, 116
Spannungsquelle 27, 30
Spannungssystem 24, 25, 26, 27
Spannungsverteilerverhältnis 28
Spannungsteilung 115
Spannungsverlauf 29, 30
Spannungszustand 34
Spitzen 20, 73, 112
Spitzenionisatoren 63, 94, 95, 105, 111
Sprengstoffe 44, 64
Spritzlackieren 37
Sprühanlage 112
Sprühkabine 112, 113
Sprührorgan 112
Sprühstab 17, 74
Sprühstand 112

Sprühstrahl 113
Sprühstrahlaustritt 112
Sprühstrom 113, 114
Static Charge Reducer 75
Statometer 53
Staubaufwirbelung 58
Stäube 33, 37, 39, 51, 58, 59, 63, 70, 80, 81
Stäube, brennbare 40, 100
Staub-Luftgemisch 44, 101, 103
Staubströme 46
Staubwolke 23, 46
Stichflammenentzündung 101
Stöpsel 63, 67
Stoffe, brennbare 39
Stoffe, pulverförmige 37
Strahlung, ionisierende 73
Strom 17, 24, 38
Strom, konstanter 17
Stromquelle 29
Stromsystem 24, 25, 28, 29, 31
Stühle 80

Tankwagen 79
Tapeten 78
Temperatur 17, 34, 36, 49, 50, 70
Temperaturklasse 41, 42
Teraohmmeter 60, 91
Textilien 37, 67, 93, 110
Tiegel 40
Transportbehälter 108
Transportkarren 90, 112
Treibriemen 67, 72, 103
Trennung zweier Oberflächen 33
Trennvorgänge, mechanische 33, 36

Übergangswiderstand 113
Überkompensation 31
Überschußladung 16, 36

7. Stichwortverzeichnis

Ultraviolettstrahlen 73
Umfüllen 37
Umpumpen 37

Ventile 37
Verdunstungszahl 41
Verhältnisse, geometrische 19
Verpuffung 107
Verschiebung, elektrische 18
Verschiebungsdichte 18
Versprühen 37, 58
Voigtsberger 100
Volta-Kontakt-Potential 33
Voltmeter 51, 52, 63, 115
Vorbeugungsmaßnehmen 89

Wagen 90
Walzen 31, 37, 62
Waschmittel 73
Wasserlöslichkeit 43, 73
Wasserstoff 37, 42, 44, 46, 75
Wechselhochspannungserzeuger 62

Werkstück 112, 113, 114, 115
Werkstückaufnahmepunkt 113, 114
Werkzeug 46, 81
Wiedervereinigung 34
Widerstandsbrücken 60

Zeitkonstante 28, 65, 85, 116
Zentralheizung 87
Zerhacker 60
Zünddurchschlagfähigkeit 41
zündfähig 39, 45, 69, 108, 112
Zündgefahr 89
Zündgrenze 40
Zündgruppen 41
Zündquelle 39, 45, 69, 82, 90, 108
Zündtemperatur 40, 41
Zündung 39, 40, 47
Zündursache 69, 77, 82, 94, 105, 107
Zylinderkondensator 23, 60